普通高等学校"十四五"规划BIM技术应用新形态教材
1+X建筑信息模型（BIM）职业技能等级证书考核培训教材

装配式建筑BIM技术应用

唐 艳◎主 编

郭 娟 郭 蓉◎副主编

丁 斌◎主 审

U0199420

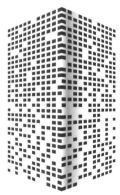
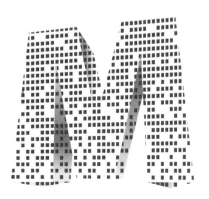

华中科技大学出版社
http://press.hust.edu.cn
中国·武汉

图书在版编目(CIP)数据

装配式建筑 BIM 技术应用/唐艳主编. —武汉:华中科技大学出版社,2024.7
ISBN 978-7-5772-0534-2

Ⅰ.①装… Ⅱ.①唐… Ⅲ.①建筑工程-装配式构件-工程管理-应用软件 Ⅳ.①TU71-39

中国国家版本馆 CIP 数据核字(2024)第 012660 号

装配式建筑 BIM 技术应用   唐 艳 主编
Zhuangpeishi Jianzhu BIM Jishu Yingyong

策划编辑:胡天金
责任编辑:周江吟
封面设计:金 刚
责任监印:朱 玢
出版发行:华中科技大学出版社(中国·武汉)   电话:(027)81321913
           武汉市东湖新技术开发区华工科技园   邮编:430223
录   排:华中科技大学惠友文印中心
印   刷:武汉市洪林印务有限公司
开   本:787mm×1092mm 1/16
印   张:15
字   数:375 千字
版   次:2024 年 7 月第 1 版第 1 次印刷
定   价:59.80 元

前　言

在当今的建筑行业中,BIM 技术已经成为工程造价管理的核心工具。它不仅是一个简单的计算工具,更是整个工程项目管理和协作的关键。BIM 技术在工程造价中的应用,不仅能极大提高计算的准确性和效率,还能为项目各方提供实时共享的信息平台,增强各方的沟通和协作。通过使用 BIM 技术,项目团队可以更好地进行资源分配、进度控制和成本控制,从而确保项目的顺利进行。同时,BIM 技术还有助于预防和解决施工过程中的各种冲突和问题。

随着信息化技术的飞速发展,BIM 技术在工程造价领域的应用越来越广泛。本书旨在配合高校工程造价专业教学大纲的修订,紧密结合高等学校的课程设置情况,注重理论与实践相结合,为学生提供全面、实用的 BIM 技术知识和应用技能。本书系统地介绍 BIM 技术在工程造价领域的应用方法和建模技巧,帮助学生掌握操作方法并熟练运用。本书的目标是为学生介绍实用、易懂的工程造价 BIM 技术,使学生能够更好地适应信息化时代,提高自身的竞争力。

本书由广东白云学院唐艳担任主编,郭娟、郭蓉担任副主编。具体的编写分工如下:第 1章～第 12 章由唐艳编写、第 13 章～第 14 章由郭娟编写、第 15 章～第 16 章由郭蓉编写。全书由丁斌主审。

由于编者水平有限,书中难免存在不足之处,恳请广大读者批评指正。

目　　录

第1章　Revit 设计概述

1.1　BIM 概念及基本特点

1. BIM 概念

建筑信息模型(building information modeling,BIM)作为一种全新的理念和技术,正受到国内外学者的普遍关注。BIM 理念源于 20 世纪 70 年代。之后,Charles Eastman 教授,Jerry Laiserin 教授及 McGraw-Hill 公司等都对其概念进行了定义。目前相对完整的是美国国家建筑信息模型标准(National Building Information Modeling Standard,NBIMS)的定义:"BIM 是设施物理特性和功能特性的数字表达;BIM 是共享的知识资源,分享有关这个设施的信息,为该设施从概念到拆除的全寿命周期中的所有决策提供可靠依据;在项目不同阶段,不同利益相关方通过在 BIM 中插入、提取、更新和修改信息,以支持协同工作。"

BIM 是以三维数字技术为基础,集成了建筑工程项目中相关信息的工程数据模型,可以为设计和施工提供相协调的、内部保持一致的并可进行运算的信息。简单来说,BIM 通过计算机建立三维模型,并在模型中存储设计师所需要的所有信息,例如平面、立面和剖面图纸,统计表格,文字说明和工程清单等,且这些信息全部根据模型自动生成,并与模型实时关联。

BIM 不仅是一个建筑信息的集合体,还是一个过程。大多数对 BIM 的介绍和定义都提到,BIM 包含设计、施工、运营维护等各个阶段的数据。与此同时,BIM 也是利用这些数据进行分析、模拟、可视化、施工图设计、工程量统计的过程。因此,BIM 核心是创建、收集、管理、运用信息的过程。

而对于相对复杂的结构,可以利用 2D 和 3D 的组合来更加清晰地表达设计成果。当 BIM 构件添加材质后,可以对模型进行渲染等多种应用。模型可以直接用于各种分析,如日光分析、节能分析等。

2. BIM 基本特点

BIM 基本特点具体如下。

(1)可视化:"所见即所得"的形式,BIM 提供了可视化的思路,让人们将以往的线条式构件转为一种三维的立体实物图形并展示出来。可视化效果如图 1-1 所示。

(2)协调性:建筑业中的重点内容,无论是施工单位、业主还是设计单位,都涉及协调及配合的工作(图 1-2)。一旦项目在实施过程中遇到问题,就要将有关人员组织起来召开协调会,找出施工问题发生的原因,提出解决办法,采取相应补救措施。在设计时,由于各专业设计师之间沟通不到位,往往出现各种专业的碰撞问题。例如,暖通等专业在布置管线时可能会妨碍结构设计的梁等构件。BIM 的协调性服务就可以帮助处理这种问题。BIM 可以在

图 1-1　可视化效果

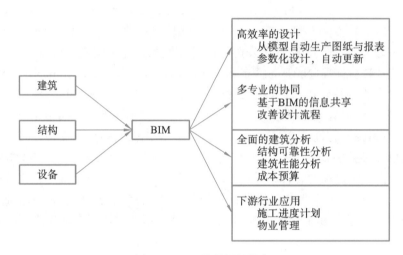

图 1-2　BIM 的协调性服务

建筑物建造前期对各专业的碰撞问题进行协调,生成协调数据。当然,BIM 的协调性服务除了解决碰撞问题,还可以解决电梯井布置与其他设计布置及净空要求的协调、防火分区与其他设计布置的协调、地下排水布置与其他设计布置的协调等问题。

(3)模拟性:除了模拟设计建筑模型,还可以模拟不便实际操作的流程。在设计阶段,BIM 可以对部分流程进行模拟,如节能模拟、紧急疏散模拟、日照模拟、热能传导模拟等;在招投标和施工阶段,可以进行 4D 模拟(三维模型加项目的发展时间),也就是根据施工的组织设计模拟实际施工,从而确定合理的施工方案指导施工,同时还可以进行 5D 模拟(基于 3D 模型的造价控制),从而实现成本控制;在运营维护阶段,可以模拟日常紧急情况的处理方式,进行地震人员逃生模拟及消防人员疏散模拟等。

(4)优化性:BIM 模型提供了建筑物原本存在的信息,包括几何信息、物理信息、规则信息,还提供了建筑物变化以后的信息。其配套的各种工具使优化复杂项目成为可能。基于 BIM 的优化包括以下内容。

①项目方案优化。把项目设计和投资回报分析结合起来,设计变化对投资回报的影响可以实时计算出来,这样业主对设计方案的选择就不会停留在对形状的评价层面,而更多地关注如何满足自身的需求。

②特殊项目的设计优化。裙楼、幕墙、屋顶等多为异型设计,尽管占整个建筑的比例不大,但是占投资和工作量的比例却相当可观,通常也是施工难度比较大和施工问题比较多的部位。对这些部位进行设计优化,可以显著缩短工期,优化造价方案。

(5)可出图性:BIM 通过对建筑物进行可视化展示、协调、模拟和优化,可以帮助用户输出各类图纸。

(6)一体化性:基于 BIM 技术可进行从设计到施工再到运营维护,贯穿工程项目全寿命周期的一体化管理。BIM 的核心是由计算机三维模型形成的数据库。该数据库不仅包含了建筑的设计信息,而且可以容纳全寿命周期的信息。

(7)参数化性:通过参数建立和分析模型,改变模型中的参数值就能建立和分析新的模型。BIM 中的图元以构件的形式出现。这些构件之间的不同是通过参数的调整反映出来的,参数保存了图元作为数字化建筑构件的所有信息。

(8)信息完备性:信息完备性体现在 BIM 可对工程对象进行 3D 几何信息和拓扑关系的描述以及完整的工程信息描述。

BIM 软件类型汇总如图 1-3 所示。

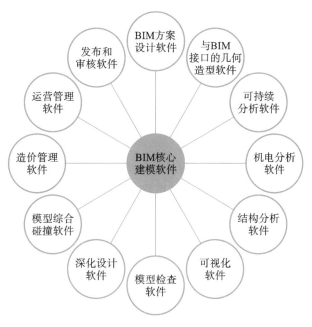

图 1-3　BIM 软件类型汇总

1.2　Revit 介绍

Autodesk 公司的 Revit 是一款三维参数化建筑设计软件,是有效创建建筑信息模型的设计工具。目前,Autodesk 公司将原来的 Revit Architecture、Revit MEP 和 Revit Structure 三个独立的专业设计软件合并为 Revit,方便全专业协同设计。Revit 强大的建筑设计工具可以帮助用户捕捉和分析概念,保持各个阶段的一致性。

1. 基本功能

Revit 能够帮助用户在项目设计流程前期探究最新颖的设计概念和外观,并能在整个施工文档中忠实地传达设计理念;Revit 面向 BIM,支持可持续设计、冲突检测、施工规划和建造,同时还可以使用户和工程师、承包商与业主更好地沟通协作。其设计过程中的所有变更都会在相关设计和文档中自动更新,更加协调一致,使用户获得更加可靠的设计文档。Revit 的基本功能如下。

(1)概念设计功能。

概念设计功能提供自由形状建模和参数化设计工具,可以使用户在方案阶段尽早对设计进行分析。

用户可以自由绘制草图,快速创建三维形状,交互式地处理各种形状;可以利用内置的工具构思并表现复杂的形状,准备用于预制和施工的模型。随着设计的推进,Revit 能够围绕各种形状自动构建参数化框架,提高用户设计的精确性和灵活性。此外,从概念模型至施工文档,所有设计工作都在同一个直观的环境中完成。

(2)建筑建模功能。

Revit 的建筑建模功能可以帮助用户将概念形状转换成全功能建筑设计;用户可以选择并添加面,设计墙、屋顶、楼层和幕墙系统,并提取重要的建筑信息,包括每个楼层的总面积;还可以将基于相关软件应用的概念性体量转换为 Revit 中的体量对象,进行方案设计。

(3)详图设计功能。

Revit 附带丰富的详图库和详图设计工具,能够进行广泛的预分类,并且可轻松兼容 CSI 格式。用户可以根据公司的标准创建、共享和定制详图库。

(4)材料算量功能。

用户可利用材料算量功能计算详细的材料数量。材料算量功能适用于计算可持续设计项目中的材料数量和估算成本,显著优化材料数量跟踪流程。随着项目的推进,Revit 的参数化变量引擎将随时更新材料统计信息。

(5)设计可视化功能。

Revit 的设计可视化功能可以创建并获得如照片般真实的建筑设计创意和周围环境效果,使用户在实际动工前体验设计创意。Revit 中的渲染模块工具能够在短时间内生成高质量的渲染效果图,展示令人震撼的设计作品。

2. 基本术语

(1)项目。

在 Revit 中新建一个文件是指新建一个"项目"文件,有别于传统 AutoCAD 中的新建一个平面、立面或剖面等文件的概念。在 Revit 中,项目是指单个设计信息数据库——建筑信息模型。项目文件包含建筑的所有设计信息(从几何图形到构造数据),包括完整的三维建筑模型、设计视图(平面、立面、剖面)和施工图图纸等信息。所有这些信息之间都关联。当建筑师在某个视图中修改设计时,Revit 会在整个项目中同步修改,实现"一处修改,处处更新"。

(2)图元。

在 Revit 中,图元主要分为 3 种:模型图元、基准图元和视图专有图元(图 1-4)。

①模型图元：几何图形，显示在模型的相关视图中，如墙、窗模型图元，又分为主体和模型构件。

a. 主体：通常在项目现场构建的建筑主体图元，如墙体、屋顶等。

b. 模型构件：建筑主体之外的其他所有类型的图元，如窗、门等。

②基准图元：可以帮助定义项目定位的图元，如轴网、标高和参照平面等。

③视图专有图元：只显示在放置这些图元的视图中，可以对模型进行描述和归档，又分为注释图元和详图。

a. 注释图元：对模型进行标记注释，并在图纸上保持比例的二维构件，如尺寸标注、标记和注释记号等。

b. 详图：在特定视图中提供有关建筑模型详细信息的二维设计信息图元，如详图线、填充区域和二维详图构件等。

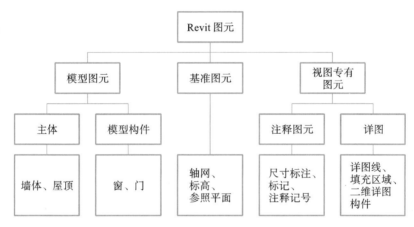

图 1-4　图元分类

（4）类别。

类别是一组用于对建筑设计进行建模或记录的图元，用于对建筑模型图元、基准图元、视图专有图元进一步分类。例如墙体、屋顶和梁属于模型图元类别，而标记和注释记号则属于注释图元类别。

（5）族。

族是某一类别中图元的类，用于根据图元参数的共用、使用方式的相同或图形表示的相似对图元类别进一步分组。一个族中不同图元的部分或全部属性可能有不同的值，但是属性的设置（其名称和含义）是相同的。例如，结构柱中的“圆柱”和“矩形柱”都是柱类别中的一个族。

（6）类型。

每个族都有多个类型。类型可以是族的特定尺寸，如 300 mm×500 mm 的矩形柱是“矩形柱”族的一种类型；类型也可以是样式，例如“线性尺寸标注类型”“角度尺寸标注类型”都是尺寸标注图元的类型。

类别、族和类型的相互关系如图 1-5 所示。

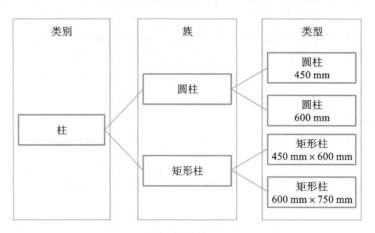

图 1-5　类别、族和类型的相互关系

（7）实例。

实例是放置在项目中的每一个实际的图元。每一个实例都属于一个族，且在该族中属于特定类型。例如，在项目中的轴网交点位置放置了 10 根 450 mm×750 mm 的矩形柱，那么每一根柱子都是"矩形柱"族中"450 mm×750 mm"类型的一个实例。

1.3　Revit 建筑设计

在 Revit 中，其专业的建筑设计功能打破了传统二维设计中平面、立面、剖面视图各自独立的协作模式。以三维设计为基础理念，直接将建筑师熟悉的墙体、门窗、楼板、楼梯、屋顶等构件作为命令对象，快速创建项目的三维虚拟 BIM 建筑模型，并自动生成平面、立面、剖面视图和明细表等，从而节省了大量的绘制与处理图纸的时间，让建筑师的精力能真正放在设计上而不是绘图上。

1. 概述

Revit 建筑设计（原 Revit Architecture）是针对广大建筑设计师和工程师开发的三维参数化建筑设计的软件。Revit 建筑设计便于建筑师在三维设计模式下推敲设计方案，快速表达设计意图，创建三维 BIM 模型，并以三维 BIM 模型为基础，自动生成所需的建筑施工图，最终完成整个建筑设计过程。

2. 应用特点

了解 Revit 建筑设计的应用特点，才能更好地结合项目需求，做好项目应用的整体规划。

同时，建立三维设计和建筑信息模型的概念，使创建的模型具有现实意义。例如，创建的墙体模型不仅是有高度的三维模型，具有构造层、内外墙的差异，还有材料特性、时间及阶段信息等。因此，创建模型时，要根据项目应用需要对这些加以考虑。其主要应用特点如下。

（1）关联特性。平面、立面、剖面图纸与模型、明细表的实时关联，即"一处修改，处处更新"的特性；墙和门窗的依附关系，墙附着于屋顶、楼板等主体的特性；栏杆能指定坡道楼梯为主体；尺寸、标记与对象的关联等。

（2）设置限制条件（即约束）：如设置构件与构件、构件与轴线的位置关系，调整变化时的相对位置关系。

（3）协同设计的工作模式：工作集（在同一个文件模型上协同）和链接文件管理（在不同文件模型上协同）。

（4）阶段性：引入了时间的概念，实现四维的设计施工建造管理的相关应用。

（5）实时统计工程量的特性：按照工程进度的不同阶段分期统计工程量。

（6）参数化设计的特点：类型参数、实例参数、共享参数等对构件的尺寸、材质、可见性、项目信息等属性的控制。可以通过设定约束条件实现标准化设计，如整栋建筑单位的参数化设计、工艺流程的参数化设计、标准厂房的参数化设计。下面进行详细介绍。

3.参数化

参数化是指模型所有图元之间的关系，这些关系可实现 Revit 提供的协调和变更管理功能。这些关系可以由软件自动创建，也可以由设计者在项目开发期间创建。参数化设计是 Revit 建筑设计的一个重要特征，分为两部分：参数化图元和参数化修改引擎。

下面给出了参数化图元的示例。门轴一侧门外框到垂直隔墙的距离固定，如果移动了该隔墙，门与隔墙的这种关系仍保持不变。在一个给定立面上，各窗或壁柱之间的间距相等，如果修改了立面的长度，这种等距关系仍保持不变。在本例中，参数不是数值，而是比例特性。楼板或屋顶的边与外墙有关，因此当移动外墙时，楼板或屋顶仍保持与墙之间的连接。在本例中，参数是一种关联或连接。

参数化修改引擎提供的参数更改技术可以使用户对建筑设计或文档部分所做的任何改动自动地在其他相关联的部分反映出来。Revit 建筑设计采用智能建筑构件、视图和注释符号，使每一个构件都可以通过一个变更传播引擎互相关联。构件的移动、删除和尺寸的改动所引起的参数变化会引起相关构件的参数发生变化：任何一个视图下所发生的变更都能参数化地、双向地传播到所有视图，以保证所有图纸的一致性，从而不必逐一地对所有视图进行修改，提高了工作效率和工作质量。

1.4　软　件　界　面

安装 Revit 后，双击桌面 ![icon] 图标即可进入启动界面，如图 1-6 所示。用户界面见图 1-7。

这里简单介绍一下 Revit 中相关文件格式的类型：

①Revit 项目文件格式为".rvt"，包括项目的所有相关信息，如三维模型中的各个平面、立面、剖面视图，以及明细表等；

②Revit 项目样板文件格式为".rte"，样板文件为系统预先设定的工作环境，即项目分属专业，以便载入相关族文件；

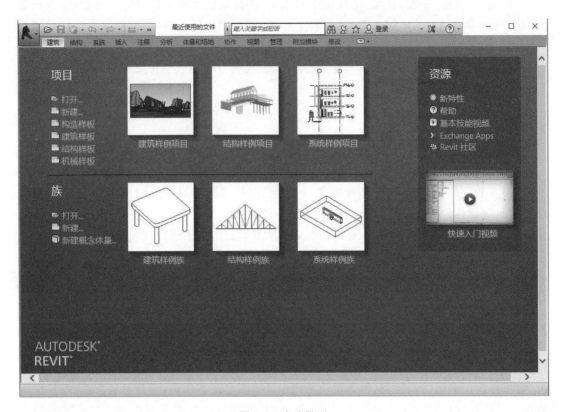

图 1-6　启动界面

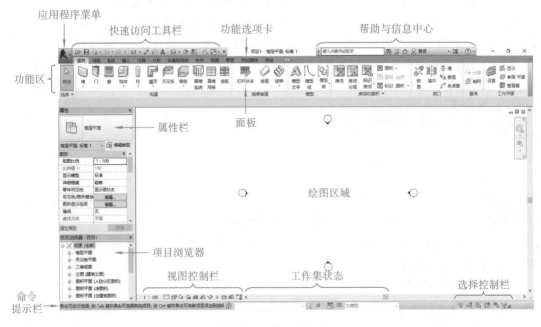

图 1-7　用户界面

③Revit 族文件格式为".rft",族是 Revit 中最基本的图形文件,是构成 Revit 项目的基础,类似于 AutoCAD 中的块,在后面章节我们还会详细介绍族的创建。

Revit 操作界面的默认背景颜色是白色,而用过 AutoCAD 系列的用户更习惯黑色背景。点击 Revit 操作界面左上角的 Revit 图标,再点击右下角的"选项"按钮,找到"图形"按钮,将"背景"颜色改为黑色,点击"确定"即可(Revit 图标—"选项"—"图形"—"背景"—"确定")。

(1)应用菜单。

应用菜单主要涉及 Revit 文件的新建、打开、保存等基本功能(图 1-8)。

(2)快速访问工具栏。

可以快速访问一些常用功能,也可以根据设计者的需要,自定义快速访问工具栏(图 1-9)。

(3)功能区。

①功能选项卡(图 1-10)。

②功能选择区(图 1-11)。

图 1-8　应用菜单

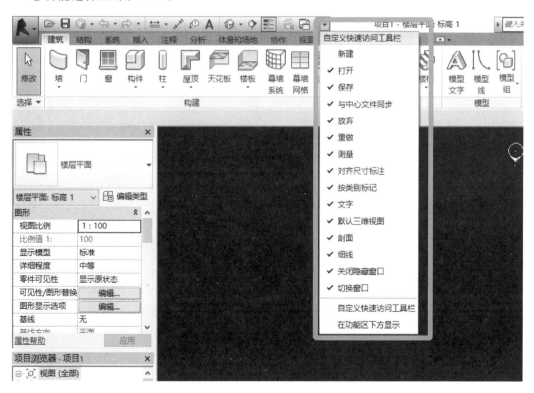

图 1-9　自定义快速访问工具栏

图 1-10　功能选项卡

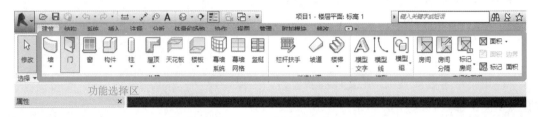

图 1-11　功能选择区

③工具提示。

将光标停留在功能选择区的某个工具之上时,在默认情况下,Revit 会显示工具提示(图 1-12)。工具提示提供该工具的简要说明。如果光标在功能选择区工具上再停留片刻,则会显示附加的信息(如果有)。出现工具提示时,按 F1 键可以获得上下文相关帮助,其中包含该工具的详细信息。

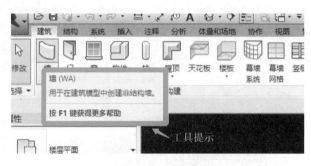

图 1-12　工具提示

(4)视图控制栏。

视图控制栏中各个控件含义如下(图 1-13)。

① 1 : 100 :比例。

② :详细程度。

③ :模型图形样式,点击可选择线框、隐藏线、着色、带边框着色、一致的颜色和真实 6 种模式。

④ :打开/关闭日光路径。

⑤ :打开/关闭阴影。

⑥ :打开/关闭裁剪区域。

⑦ ：显示/隐藏裁剪区域。

⑧ ：临时隐藏/隔离。

⑨ ：显示隐藏的图元。

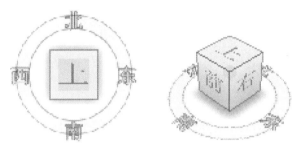

图 1-13　视图控制栏

（5）三维导航工具。

三维导航工具可指示模型的当前方向，并让用户调整视点（图 1-14）。

图 1-14　三维导航工具

第2章 标　　高

教学提示：标高指的是在高度方向上相互平行的一组面，用于定义建筑内的垂直高度或楼层高度，并反映建筑构件的定位情况。标高包含标头和标高线：标高的标高值和标高名称等信息通过标头反映；标高对象投影的位置和线型通过标高线反映。本章主要通过简单的案例项目讲述标高的基本属性、设置方法、新建及修改标高的方法。

教学目标：本章要求学生能够运用不同的方法创建标高。

2.1　新　建　项　目

绘制标高是创建标高的基本方法之一，此方法适用于低层或尺寸变化差异过大的建筑构件。在新建项目前，必须选择一个合适的项目样板。启动 Revit 软件后，点击左上角的"应用程序菜单"按钮，在打开的下拉菜单中选择"新建"—"项目"选项，软件将打开"新建项目"对话框，如图 2-1 所示。此时，在该对话框中点击"浏览"按钮，并选择下载文件中的"项目样板.rte"文件作为样板文件。

图 2-1　"新建项目"对话框

再次点击"应用程序菜单"按钮，在打开的下拉菜单中选择"保存"选项，软件将打开"另存为"对话框，如图 2-2 所示。此时在"文件名"文本框中输入"项目 1"，保存"文件类型"为"项目文件(*.rvt)"，进入标高的下一步绘制操作。

图 2-2　"另存为"对话框

2.2　绘　制　标　高

标高的创建与编辑必须在立面或剖面视图中进行。因此,在项目设计时,必须先进入立面视图。默认情况下,绘图区域显示为"南立面"视图效果。在该视图中,标高图标显示为蓝色倒三角;标高值显示在图标上方;灰色虚线为标高线;标高名称位于标高线右侧,如图 2-3 所示。从南立面视图中可知,系统预设了"±0.000"的标高和"4.000"的标高。

图 2-3　南立面视图

我们可以修改已有标高的高度值,将光标指向标高 2 一端,选择标高 2,并滚动鼠标滑轮放大该区域。点击标高值,在文本框中输入"3.6",接着按 Enter 键完成标高值的更改,如图 2-4 所示。该项目样板的标高值以米为单位,标高值并不是任意设置的,根据建筑设计图中的建筑尺寸来设置相应的层高。同时我们可以看到,Revit 中的临时标注尺寸也已经修改为

3.6 米(即 3600 毫米),如图 2-5 所示。

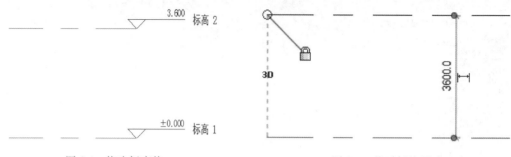

图 2-4　修改标高值　　　　　　　　　　　图 2-5　临时标注尺寸

我们也可以通过绘制标高的方法来为项目添加标高。切换到"建筑"选项卡,在"基准"面板中点击"标高"按钮,软件将自动切换至"修改|放置 标高"选项卡。点击"绘制"面板中的"直线"按钮,勾选"创建平面视图"。此时,若启用该复选框,所创建的每个标高都是一个楼层;反之,若禁用该复选框,则认为标高是非楼层的标高,且不创建相关联的平面视图。点击"平面视图类型",打开"平面视图类型"对话框,选择"楼层平面",偏移量为 0.0,如图 2-6 所示。

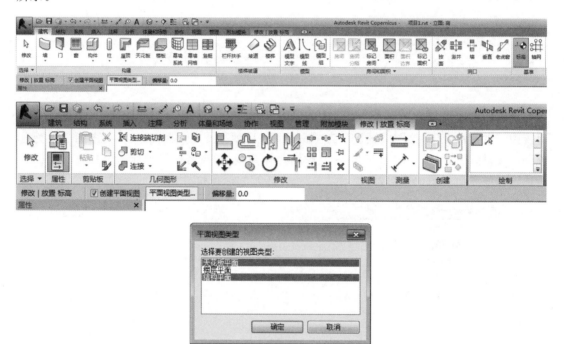

图 2-6　标高绘制工具

将光标移动到现有标高的标头时,Revit 会给出一个对齐捕捉的标记,点击作为标高的起点;向右移动光标,当光标移动到右标头时,Revit 同样会给出一个对齐捕捉的标记,点击作为标高的终点。绘制标高如图 2-7 所示。

将光标指向标高 2 右侧,点击"标高 2",光标与现有标高之间将显示一个临时尺寸标注。双击临时尺寸标注,修改尺寸,如图 2-8 所示。

图 2-7　绘制标高

　　此外,选择"标高"工具后,"属性"面板中将显示与标高相关的参数选项。例如,选择标高 2,属性面板显示限制条件、尺寸标注、范围、标识数据等信息,如图 2-9 所示。

图 2-8　修改标高　　　　　　　　　　　　　　图 2-9　显示标高参数

　　在类型编辑器中可以指定项目样板中提供的相关标头类型。例如,用户可以选择"下标头"类型,按照上述绘制标高的方法,在标高 1 的下方绘制具有下标头样式的标高 4,效果如图 2-10 所示。

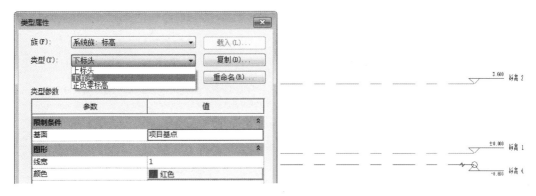

图 2-10　绘制下标头标高

2.3　复　制　标　高

在 Revit 中,除了通过直接绘制标高的方法创建标高,还可以通过复制的方法创建标高。

1.复制标高操作

在绘图区域选择需要复制的标高,软件会自动切换至"修改|标高"选项卡。点击"修改"面板中的"复制"按钮,并勾选"约束"和"多个"复选框。启用选项栏中的"约束"复选框,可以激活正交模式;启用"多个"复选框,可以连续进行复制操作。接着在标高 3 的任意位置点击作为复制的基点,如图 2-11 所示。

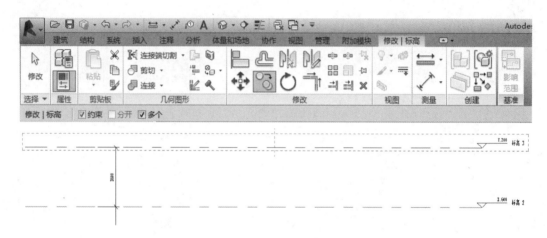

图 2-11　选择需要复制的标高

向上移动光标,软件将显示一个临时尺寸标注。当临时尺寸标注显示为 3600 时点击,完成标高 5 操作,效果如图 2-12 所示。

图 2-12　完成标高

2.为复制标高添加楼层平面

然而,通过复制方式创建的标高在项目浏览器中并未生成相应的平面视图。标高5的标头在绘图区域显示为黑色,效果如图2-13所示。

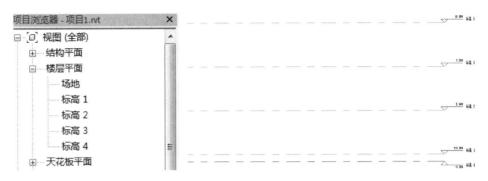

图 2-13　复制标高显示效果

此时,需要给标高5建立一个楼层平面。点击"视图"选项卡,点击下拉菜单中的"楼层平面"按钮,打开"新建楼层平面"对话框,如图2-14所示。点击选择"标高5"选项,并点击"确定"按钮,完成标高5的楼层平面视图的创建。

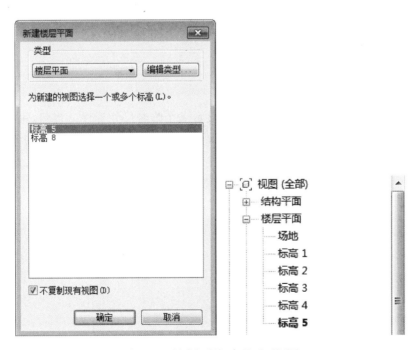

图 2-14　创建复制标高的平面视图

一般而言,直接绘制的标高标头符号为蓝色,通过其他方式创建的标高标头符号为黑色。当双击蓝色标头符号时,视图将自动跳转至相应的平面视图,而双击黑色标头符号则不能引导视图的跳转。

2.4 阵 列 标 高

在 Revit 中,除了可以通过直接绘制和复制标高的方法创建标高,阵列标高也是一种常用的创建方法。

选择要阵列的标高,软件将自动切换至"修改|标高"选项卡。在"修改"面板中点击"阵列"按钮,并勾选"线性"按钮,不勾选"成组并关联"复选框,设置"项目数"为3(项目数参数值包含原有图元对象)并启用"第二个"和"约束"复选框,最后点击标高任意位置确定基点,如图 2-15 所示。

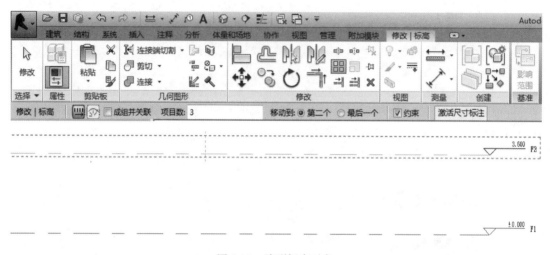

图 2-15 阵列标高对象

确定阵列基点后,向上拖动光标,软件会显示一个临时尺寸标注。当然,用户可以自己输入一个数值,如 3600,或当临时尺寸标注值显示为 3600 时点击,完成标高的阵列操作,其效果如图 2-16 所示。

图 2-16 阵列标高

选择"阵列"工具后,用户还可以通过设置选项栏中的参数选项来创建径向阵列或线性阵列。各参数选项的含义如下所述。

①线性:当点击该按钮时,将创建线性阵列。

②径向:当点击该按钮时,将创建径向阵列。

③成组并关联：勾选该复选框，阵列的每个图元都在一个组中。若不勾选该复选框，Revit 将创建指定数量的副本，但副本间是独立的，不会成组。

④项目数：指定阵列中所有选定图元的副本总数。

⑤移动到：该选项组用来设置阵列效果。

⑥第二个：选择该按钮，可以指定阵列中图元的间距。

⑦最后一个：选择该按钮，可以指定阵列的整个跨度，即第一个图元与最后一个图元的距离。

⑧约束：使阵列图元沿着与所选图元垂直或共线的方向移动。

2.5　编 辑 标 高

在 Revit 中，用户可以通过"类型属性"对话框统一设置标高的各种显示效果，也可以通过手动方式分别设置标高的各种显示效果，如标高名称及其位置。

1. 批量设置

选择某个标高后，点击"属性"面板中的"编辑类型"按钮，软件将打开"类型属性"对话框，如图 2-17 所示。

图 2-17　"类型属性"对话框

在该对话框中，不仅可以设置标高图形的线宽、颜色、线型图案，还可以设置端点符号的显示与否。

2.手动设置

除了可以在"类型属性"对话框中统一设置标高，还可以通过手动方式设置标高。

3.重命名标高名称

双击标高名称，在弹出的文本框中输入标高名称，如"一层"，并按 Enter 键确认。此时，软件将打开"Revit"提示框。点击"是"按钮，则在更改标高名称的同时，更改了相应视图的名称，效果如图 2-18 所示。

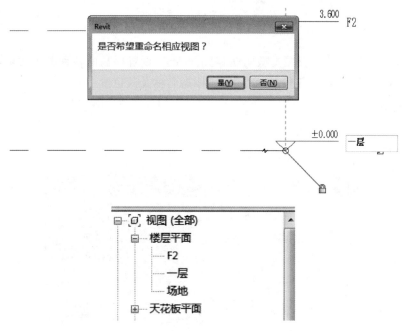

图 2-18 重命名标高

4.标头的隐藏与显示

选取某一标高，勾选其右侧的"隐藏编号"复选框，则隐藏该标高右侧标头；若要重新显示该标高右侧标头，则不勾选右侧的"隐藏编号"复选框，如图 2-19 所示。

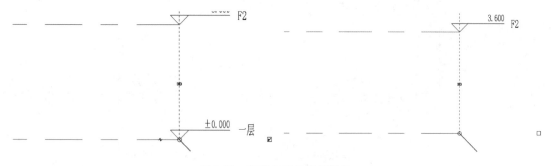

图 2-19 隐藏与显示右侧标头

5. 为标高添加弯头

点击选中某一标高，标头右侧标高线上将显示"添加弯头"图标，如图 2-20 所示。

此时，点击标高线中的"添加弯头"图标，即可改变标高参数和符号的显示位置，效果如图 2-21 所示。

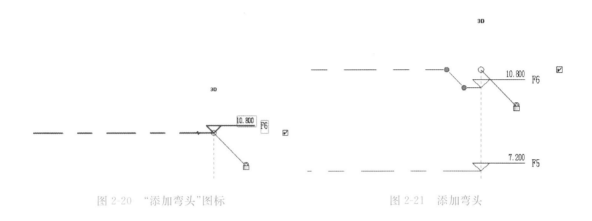

图 2-20 "添加弯头"图标　　　　　　　　　　　图 2-21 添加弯头

添加弯头后，还可以通过点击并向上或向下拖动蓝色拖曳点来改变标高参数和图标的显示位置，效果如图 2-22 所示。

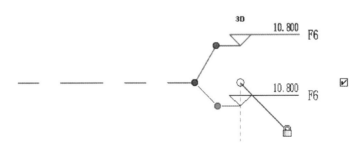

图 2-22 调整标头显示位置

6. 标头对齐锁

在 Revit 中，当标高端点对齐时，点击选中任意标高，软件都将在其标头右侧显示标头对齐锁。默认情况下，点击并拖动标高端点改变其位置，所有对齐的标高将同时移动，效果如图 2-23 所示。

若点击标头对齐锁进行解锁，并再次点击标高端点，然后拖动，则只有该选定标高移动，其他标高不会随之移动，效果如图 2-24 所示。

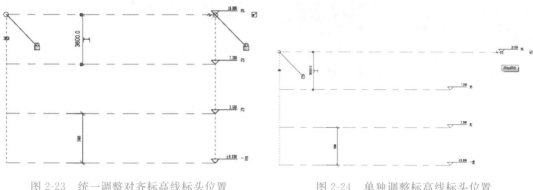

图 2-23 统一调整对齐标高线标头位置   图 2-24 单独调整标高线标头位置

2.6 实例练习:标高

绘制完成的 Revit 标高模型如图 2-25 所示。

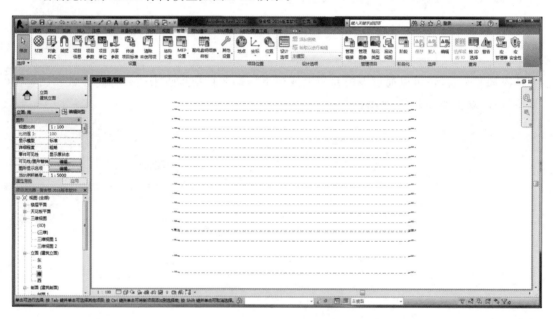

图 2-25 绘制完成的 Revit 标高模型

第3章 轴 网

教学提示：轴网是由建筑轴线交错组成的网，由定位轴线、标识尺寸和轴号组成。建筑物的主要支承构件都是按照轴网定位排列而达到井然有序的效果的。本章主要介绍简单的案例项目轴网的创建方式，还新增了弧形轴线的绘制方法。

教学目标：本章要求学生掌握创建轴网及绘制非正交轴网的方法，并运用多种方式创建及编辑轴网。

3.1 创建轴网

在 Revit 中，用户可以通过绘制轴网的方法来创建轴网。

1. 绘制直线轴网

最基本的轴网创建方法是绘制轴线，且轴网是在楼层平面视图中创建的。打开项目文件，在项目浏览器中双击"视图"—"楼层平面"—"一层"选项，进入一层楼层平面视图，效果如图 3-1 所示。

切换至"建筑"选项卡，在"基准"面板中点击"轴网"按钮，软件自动打开"修改|放置 轴网"选项卡，效果如图 3-2 所示。

在绘图区域左下角的适当位置点击，按住 Shift 键向上移动光标，在适当位置再次点击，第一条轴线创建完成，效果如图 3-3 所示。

按类似的方法绘制第二条轴线。将光标指向轴线的一侧端点，光标与现有轴线之间会显示一个临时尺寸标注，而且会显示对齐捕捉。输入临时尺寸标注为 7200，按 Enter 键，确定第一个点，按住 Shift 键向上移动光标，当捕捉到对齐捕捉点时，点击确定所绘轴线的另一侧端点，即可完成该轴线的绘制，效果如图 3-4 所示。

重复以上操作，即可完成直线轴网的绘制。

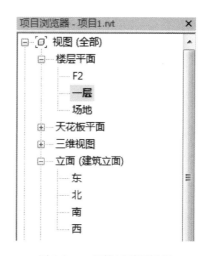

图 3-1 一层楼层平面视图

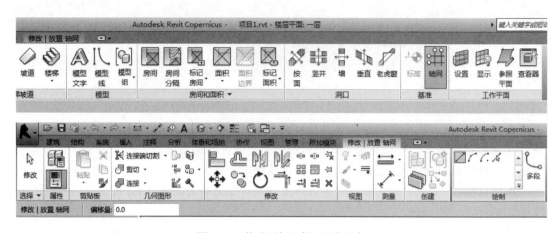

图 3-2 "修改|放置 轴网"选项卡

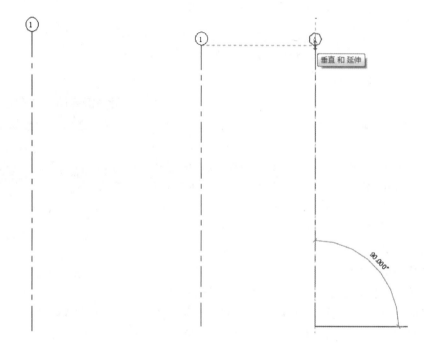

图 3-3 绘制第一条轴线　　　　　　图 3-4 绘制第二条轴线

2.绘制弧形轴网

有两种方法绘制弧形轴线:一种是利用"起点"—"终点"—"半径弧"工具;另一种是利用"圆心"—"端点弧"工具。

(1)"起点"—"终点"—"半径弧"工具。

在"建筑"选项卡下,点击"基准"面板中的"轴网"按钮,即可打开"修改|放置 轴网"选项卡。点击"绘制"面板中的"起点"—"终点"—"半径弧"按钮,并在绘制区域的任意空白位置点击,即可确定弧形轴线的一个端点。移动光标,软件将显示两个端点之间的标注尺寸以及弧形轴线角度值,效果如图 3-5 所示。

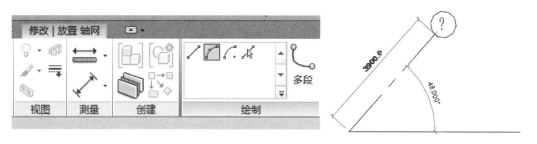

图 3-5　确定弧形轴线端点

　　根据临时尺寸标注中的参数值,在适当位置点击,确定第二个端点。继续移动光标,此时会显示弧形轴线半径的临时尺寸标注。在确定半径参数后,再次点击,完成弧形轴线的绘制,效果如图 3-6 所示。

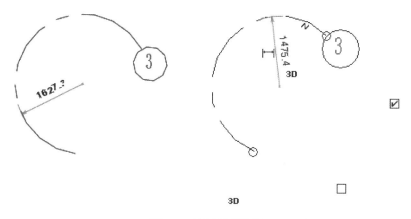

图 3-6　绘制弧形轴线

　　(2)"圆心"—"端点弧"工具。

　　在"建筑"选项卡下,点击"基准"面板中的"轴网"按钮,即可打开"修改|放置 轴网"选项卡。然后,点击"绘制"面板中的"圆心"—"端点弧"按钮,并在绘图区域的任意位置点击,确定圆心位置。移动光标,此时显示临时半径标注,然后指定弧形轴网的半径,并在适当位置点击,以确定第一个端点位置。继续移动光标,并在适当位置继续点击,确定第二个端点的位置,弧形轴线绘制完成。

3.2　复制轴网

　　轴线的复制方法与标高的复制方法极为类似。首先选择将要复制的轴线 2,软件将切换至"修改|轴网"选项卡。点击"修改"面板中的"复制"按钮,并勾选"约束"和"多个"复选框。勾选约束,会确保轴线在正交的方向上复制。点击轴线 2 的任意位置作为复制的基点,然后向右移动光标,软件会显示临时尺寸标注。当临时尺寸标注为 7200 时点击,完成轴线的复制操作。轴号会按照之前已经绘制好的轴线自行排序。继续向右移动光标,可连续进行相应的轴线复制操作。复制轴线效果如图 3-7 所示。

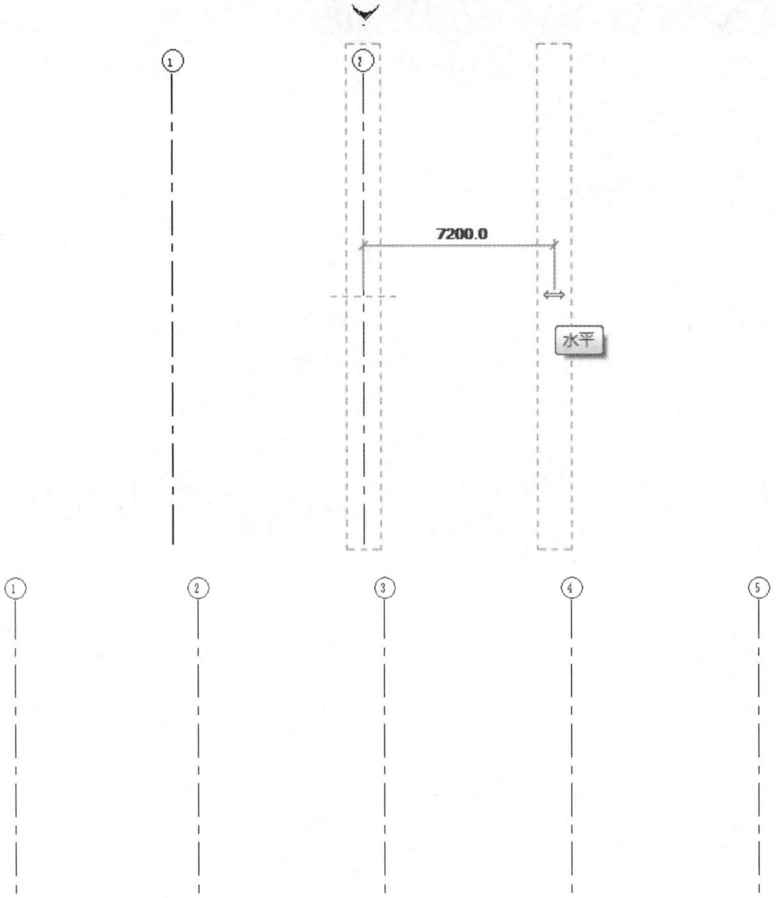

图 3-7　复制轴线效果

3.3　阵　列　轴　网

对一些间距相等的轴线,我们可以利用"阵列"工具同时创建多条轴线。选择 2 号轴线,软件将切换至"修改|轴网"选项卡。点击"修改"面板中的"阵列"按钮,点击"线性"按钮,不勾选"成组并关联"复选框。设置"项目数"参数为 4,并勾选"第二个"和"约束"复选框。在 2 号轴线上点击任意位置确定基点,效果如图 3-8 所示。

确定阵列基点后,向右拖动光标,当临时尺寸标注显示为 2400 时点击,即可完成标高的阵列操作,效果如图 3-9 所示。

同样,按照相同的绘制方法,在绘图区域的适当位置绘制相应的水平轴线。双击轴线编号,修改轴线名称为"A",效果如图 3-10 所示。

按照上述阵列操作方法,由下至上创建 4 条水平轴线。其中,相邻轴线的间距均为 3000,效果如图 3-11 所示。

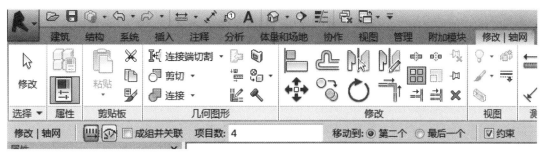

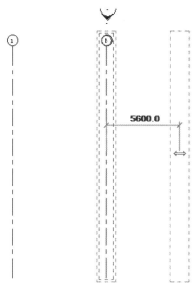

图 3-8　指定阵列的基点

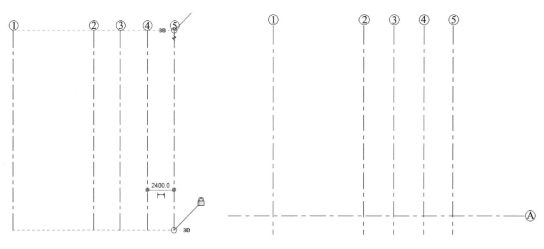

图 3-9　阵列轴线　　　　　　　　　　　图 3-10　绘制水平轴线

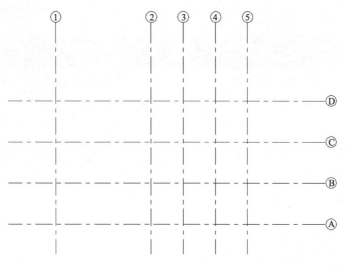

图 3-11　阵列水平轴线

3.4　编辑轴网

建筑设计图中的轴网可以改变其显示效果。在 Revit 中，用户既可以通过轴网的"类型属性"对话框来统一设置轴网图形中的各种显示效果，也可以通过手动方式分别设置单个轴线的显示效果。

1. 批量编辑轴网

在 Revit 中打开下载文件"项目 1. rvt"，绘图区域中将默认显示一层楼层平面视图，选择 2 号轴线，并在"属性"面板中点击"编辑类型"按钮，软件将打开"类型属性"对话框，如图 3-12 所示。用户不仅可以设置指定轴网图形中轴线的颜色、线宽、轴线中段的显示类型，以及指定轴线末端的线宽、样式和长度，还可以设置轴号端点显示与否。各参数选项的含义及作用如下。

①符号：用于指定轴线端点的符号。其中，该符号在编号中可以显示轴网号（轴网标头—圆）、显示轴网号但不显示编号（轴网标头—无编号）、无轴网编号或轴网号（无）。

②轴线中段：在该下拉列表中可以指定轴线中段的显示类型。用户可以选择"无"、"连续"或"自定义"选项。

③轴线末段宽度：在该文本框中可以指定连续轴线的线宽，或者在"轴线中段"列表框为"无"或"自定义"选项时用来指定轴线末段的线宽。

④轴线末段颜色：点击该色块，可以在打开的对话框中指定连续轴线的线颜色，或者在"轴线中段"列表框为"无"或"自定义"选项时指定轴线末段的线颜色。

⑤轴线末段填充图案：在该列表框中可以指定连续轴线的线样式，或者在"轴线中段"列表框为"无"或"自定义"选项时指定轴线末段的线样式。

⑥平面视图轴号端点 1（默认）：启用该复选框，可以在平面视图的轴线起点处显示编号的默认设置。如果需要，可以通过启用或禁用该复选框来显示或隐藏视图中各轴线的编号。

图 3-12　"类型属性"对话框

⑦平面视图轴号端点 2(默认):启用该复选框,可以在平面视图的轴线终点处显示编号的默认设置。如果需要,可以通过启用或禁用该复选框来显示或隐藏视图中各轴线的编号。

⑧非平面视图符号(默认):在非平面视图的项目视图(如立面视图和剖面视图)中,可以在该列表框中设置轴线上编号显示的默认位置:"顶"、"底"、"两者"(顶和底)或"无"。

2.手动编辑轴网

在建筑设计图中,标高的手动设置也同样适用于轴网。

3.2D/3D 切换及应用

依次打开一层和 F2 楼层平面视图,点击"视图"选项卡。在"窗口"面板中点击"平铺"按钮,效果如图 3-13 所示。

选中"楼层平面:一层"窗口中的轴线 D,此时,水平向右拖动该轴线的左侧端点至某一位置可发现,在 3D 模式下,"楼层平面:F2"窗口中的轴线 D 也将同步移动到相同位置,效果如图 3-14 所示。

点击 3D 视图图标,软件将切换至 2D 模式。此时,再次水平移动"楼层平面:一层"窗口中的轴线 D 的端点至适合位置,可发现"楼层平面:F2"窗口中的轴线 D 的位置将保持不变,效果如图 3-15 所示。

另外,若将轴线的二维投影长度切换为实际的三维长度,右击该轴线,并选择"重设为三维范围"选项。

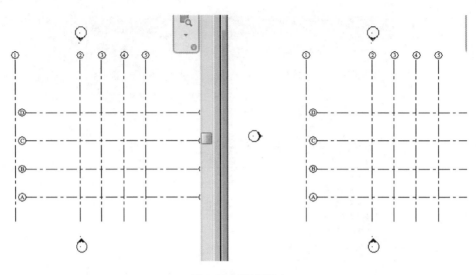

图 3-13　平铺窗口

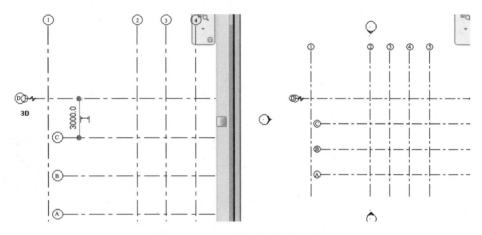

图 3-14　3D 模式下移动轴线端点

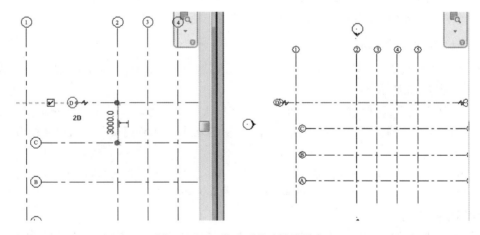

图 3-15　2D 模式下移动轴线端点

3.5　实例练习:轴网

绘制完成的 Revit 轴网模型如图 3-16 所示。

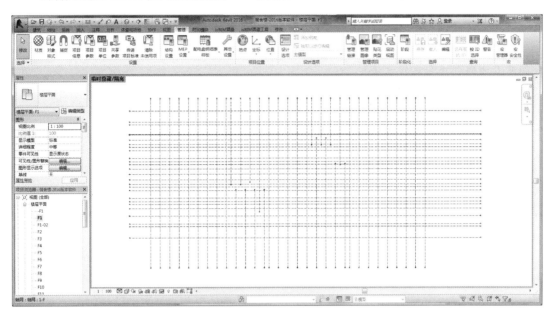

图 3-16　绘制完成的 Revit 轴网模型

第4章 墙　　体

教学提示：墙体是建筑空间的分隔主体，也是门、窗等设备模型的承受主体。本章主要介绍基本墙的创建和编辑方法。

教学目标：本章要求学生了解墙体模型的基本属性，并掌握简单墙体的创建方法。

4.1　墙　体　概　念

墙体是建筑物的重要组成部分，有围护或分割空间的作用。在创建墙体之前，先要综合考虑墙体的类型、结构、尺度及设计等要求，再创建墙体。

1.墙体类型

墙体按所处位置可以分为外墙和内墙；按布置方向可以分为纵墙和横墙；按照墙体与门窗的位置关系，又可以分为窗间墙和窗下墙。

2.墙体结构

在 Revit 中，墙体有两个特殊的功能层，分别是核心结构和核心边界，主要用于界定墙的核心结构与非核心结构。核心边界之间的功能层是核心结构，核心结构是墙体存在的主要条件；核心边界之外的功能层是非核心结构，如装饰层、保温层等辅助结构。

以砖墙为例，墙体的核心部分是"砖"结构层，而抹灰、防水、保温等部分功能层依附于"砖"结构层而存在，是"砖"结构层之外的非核心部分。

启动 Revit，打开项目文件，点击"建筑"选项卡，在"构建"面板上点击"墙"按钮，点击类型选择器，软件会自动显示 3 种类型的系统墙族：基本墙、叠层墙以及幕墙。选择"基本墙"—"常规-200 mm"选项，并点击"编辑类型"，Revit 软件将打开"类型属性"对话框，如图4-1 所示。

点击"编辑"按钮，Revit 软件将打开"编辑部件"对话框，如图 4-2 所示。

在此对话框中，点击结构层中的"功能"列表，Revit 软件将打开结构[1]、衬底[2]、保温层/空气层[3]、面层 1[4]、面层 2[5]以及涂膜层共 6 种墙体功能，其中涂膜层一般用于防水涂层，所以厚度必须设置为 0，如图 4-3 所示。

图 4-1　"类型属性"对话框

图 4-2　"编辑部件"对话框

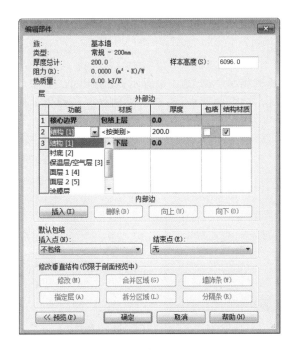

图 4-3　墙体功能列表

4.2　绘制基本墙

在 Revit 中,用户可以利用墙工具来绘制和生成墙体对象。在创建墙体之前,需要先定义墙体的墙厚、做法、材质、功能等,然后指定墙体的平面位置、高度等参数。

在 Revit 的项目样板中,预设一些墙体类型,若是在默认的墙体类型中找不到我们需要的类型,则需要新建墙类型。本节以新建一个"建筑外墙"的墙体类型为例。

外墙的做法从外到内依次为 10 厚外抹灰、30 厚保温、240 厚砖、20 厚内抹灰,如图 4-4 所示。

启动 Revit,选择功能区"建筑"—"墙",如图 4-5 所示,在属性栏中,选取任意墙体类型,如基本墙"常规-200 mm"。

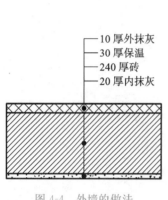

图 4-4 外墙的做法

图 4-5 墙命令

在属性栏中,点击"编辑类型",如图 4-6 所示;在弹出的"类型属性"对话框中点击"复制",输入"建筑外墙-240 mm 2",确定后,当前类型即新建的建筑外墙,如图 4-7 所示。

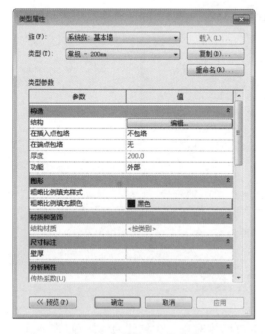

图 4-6 复制新建墙体类型

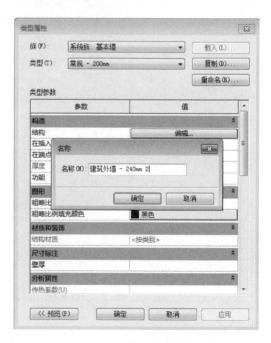

图 4-7 新建墙体类型

新建外墙类型后,点击"编辑"按钮(位于"结构"右侧),打开"编辑部件"对话框,如图 4-8 所示。

在"层"列表中,双击"插入"按钮,插入新的结构层,效果如图 4-9 所示。

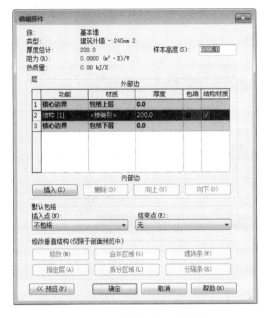

图 4-8　"编辑部件"对话框

图 4-9　插入结构层

此时,点击"向上"按钮,并点击"功能"下拉列表框。在该列表框中选择"面层 1[4]"选项,并设置面层厚度参数为 10,如图 4-10 所示。

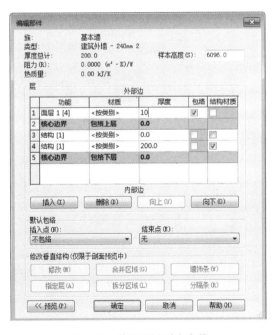

图 4-10　设置面层厚度参数

　　面层厚度参数设置完成后，点击"材质"列表框，软件将打开"材质浏览器"对话框。然后，选择名称列表中的"水泥砂浆"材质选项，如图 4-11 所示。点击下方的"复制"按钮，选择"复制选定的材质"选项。

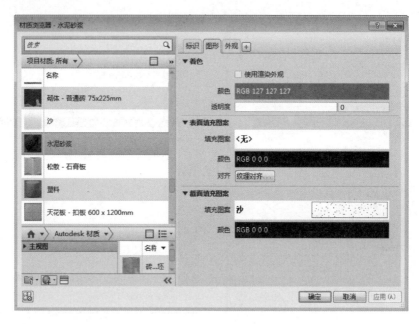

图 4-11　选择并复制材质

　　点击"标识"选项卡，输入"外墙粉刷"，效果如图 4-12 所示。

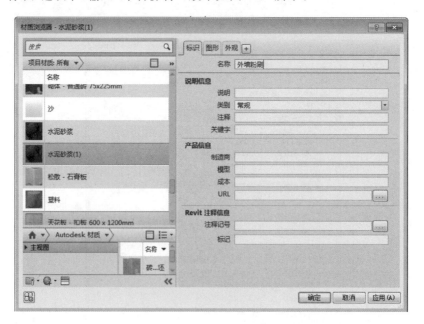

图 4-12　重命名材质

　　重命名材质后，切换至"图形"选项卡，在"着色"列表中点击"颜色"选项卡，在打开的"颜色"对话框中选择"橘红色"色块，并点击"确定"，即可完成颜色设置，效果如图 4-13 所示。

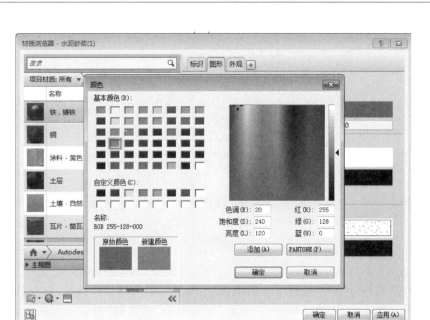

图 4-13 颜色设置

在"表面填充图案"列表中点击"填充图案"按钮,打开"填充样式"对话框,点击"无填充图案"按钮。

设置填充图案类型后,在"截面填充图案"列表中点击"填充图案"按钮,软件将打开"填充样式"对话框,选择名称列表中的"沙-密实"填充,效果如图 4-14 所示。

图 4-14 设置表面和截面填充图案

所有设置完成后,点击"确定"按钮,完成材质创建,并且该材质显示在"结构[1]"的"材质"列表框中,如图 4-15 所示。

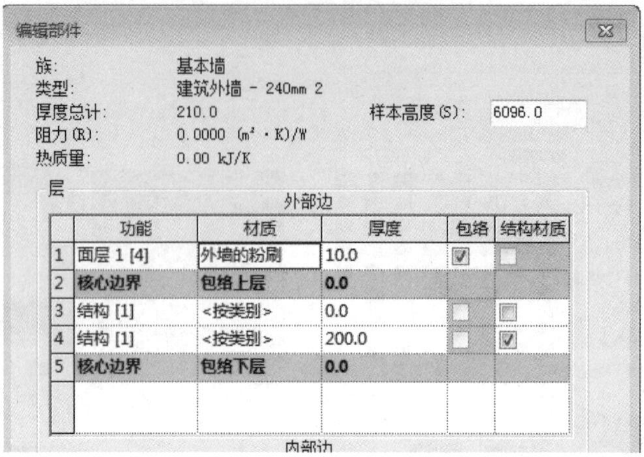

图 4-15　设置"结构[1]"

设置完成"结构[1]"后,选择下面的结构层,通过点击"向上"按钮将结构层放置在"核心边界"的外部。然后,点击该结构层的"功能"下拉列表,并选择"衬底[2]"选项,将"厚度"设置为30,效果如图 4-16 所示。

点击"材质"列表框,软件将打开"材质浏览器"对话框。然后,选择名称列表中的"外墙的粉刷"材质选项。点击下方的"复制"按钮,选择"复制选定的材质"选项,再点击"标识"选项卡,输入"外墙衬底",效果如图 4-17 所示。

图 4-16　设置厚度参数

图 4-17　复制并且重命名材质

重命名材质后,切换至"图形"选项卡,在"着色"列表中点击"颜色"选项卡,在打开的"颜色"对话框中选择"白色"色块,点击"确定"按钮,即可完成颜色的设置。在"表面填充图案"列表中点击"填充图案"按钮,打开"填充样式"对话框,点击"无填充图案"按钮。设置填充图案类型后,在"截面填充图案"列表中点击"填充图案"按钮,软件将打开"填充样式"对话框,选择名称列表中的"对角交叉线 3 mm"填充。效果如图 4-18 所示。

所有设置完成后,点击"确定"按钮,即完成材质创建,并且该材质显示在"衬底[2]"的"材质"列表框中,如图 4-19 所示。

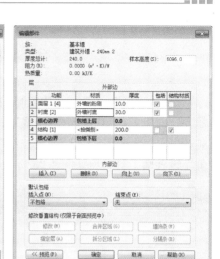

图 4-18 设置"图形"列表中的选项

图 4-19 设置"衬底[2]"

设置完成"衬底[2]"后,点击"插入"按钮,点击"向下"按钮直至将新建结构层移动至最底层。然后设置"功能"选项为"面层 2[5]",设置"厚度"为 20,效果如图 4-20 所示。

接着点击"材质"列表框,复制并将材质重命名为"内墙粉刷",如图 4-21 所示;设置"着色"选项组中的"颜色"为"白色";设置"表面填充图案"选项组中的"填充图案"为"无";设置"截面填充图案"选项组中的"填充图案"为"沙-密实",并点击"确定"按钮。

完成结构层的设置后,连续点击"确定"按钮直至退出所有对话框。该墙类型将在"属性"类型选择器位置中显示,效果如图 4-22 所示。

墙体构造设置完成后点击确定,"建筑外墙-240 mm 2"类型的墙体就创建好了。

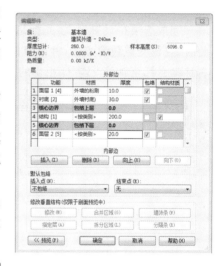

图 4-20 设置厚度等参数

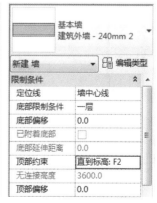

图 4-21 设置"面层 2[5]"

图 4-22 显示墙类型

4.3 绘 制 墙 体

选择"建筑"—"墙"—"建筑墙"按钮，功能选项卡会自动跳转到"修改│放置 墙"，且在"绘制"面板上，会默认选择"直线"命令。在选项栏中设置"高度"为"F2"，表示墙的高度为当前高度 F1 到高度 F2，设置"定位线"为"核心层中心线"，勾选"链"，表示软件会自动修剪墙角。设置墙工具选项如图 4-23 所示。

图 4-23 设置墙工具选项

完成选项栏设置后，将光标指向轴线 1 与 B 相交的位置，Revit 将自动捕捉两者的交点。此时，在该交点位置点击，并垂直向上移动光标至轴线 1 与 D 相交的位置点击。继续水平向右移动光标至轴线 9 与 D 相交的位置点击。双击 Esc 键，效果如图 4-24 所示。

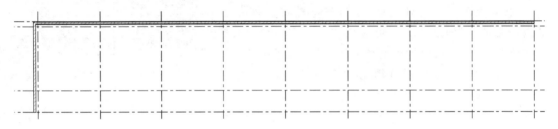

图 4-24 绘制直型外墙

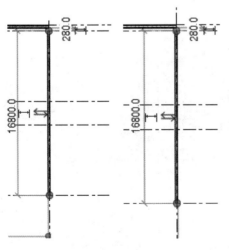

图 4-25 更改外墙外部的方向

选择"建筑"—"墙"—"建筑墙"按钮，功能选项卡会自动跳转到"修改│放置 墙"，且在"绘制"面板上，会默认选择"直线"命令。在选项栏中依次设置"高度"为"F2"，设置"定位线"为"核心层中心线"，勾选"链"。完成选项栏设置后，将光标指向轴线 9 与 A 相交的位置，Revit 将自动捕捉两者的交点。此时，在该交点位置点击，并垂直向上移动光标至轴线 9 与 D 相交的位置点击。双击 Esc 键，选择这面墙，我们可以看到一个反转符号，该符号表示外墙外部所在的位置。点击此处或点击空格键，可以改变外墙外部的方向，如图 4-25 所示。

再次选择"建筑"—"墙"—"建筑墙"按钮，在选项栏中依次设置"高度"为"F2"，设置"定位线"为"核心层中心线"，勾选"链"，选择偏移量为 400。完成选项栏设置后,将光标指向轴线 9 与 A 相交的位置,Revit 将自动捕捉两者的交点。此时,在该交点位置点击,并水平向左移动光标至轴线 4 与 A 相交的位置点击。双击 Esc 键,发现该墙没有与右边的墙连接在一起,如图 4-26 所示。

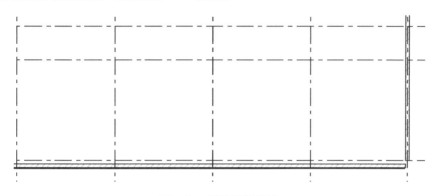

图 4-26　两外墙不相接

　　选择该墙,此时拖动墙的端点至相交即可。我们也可以选择"修剪"工具,使两面墙连接到一起:选择修剪命令,点击下面的墙以及右边的墙,即可完成修剪功能,如图 4-27 所示。

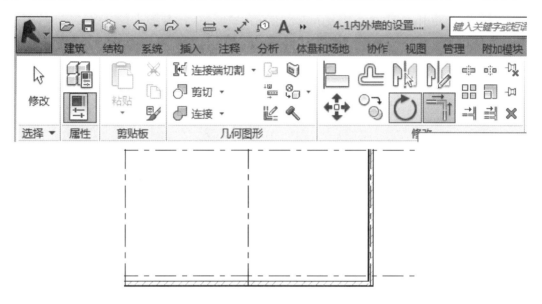

图 4-27　修剪命令

　　接下来继续修改外墙的墙体。我们需要选择一个参照平面对外墙进行定位,选择偏移量为 1300,如图 4-28 所示。选择轴线 D 并点击,可以看到在轴线 D 的上方出现一条虚线。我们可以通过空格键改变虚线的方向,当参照平面需要在轴线 D 下方时,点击即可绘制。同理,在轴线 C 上方绘制参照平面,如图 4-29 所示。

　　再次选择"建筑"—"墙"—"建筑墙"按钮,功能选项卡会自动跳转到"修改 | 放置 墙",且在"绘制"面板上,会默认选择"直线"命令。在选项栏中依次设置"高度"为"F2",设置"定位线"为"墙面外部面",勾选"链",偏移量为 0。点击参照面上一点作为墙的起点,当墙长超过 1500 时,点击确定墙的另一个端点,如图 4-30 所示。

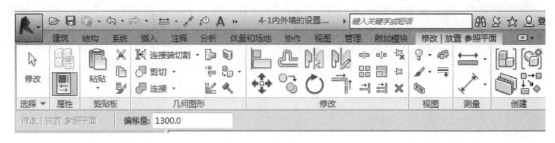

图 4-28　选择偏移量

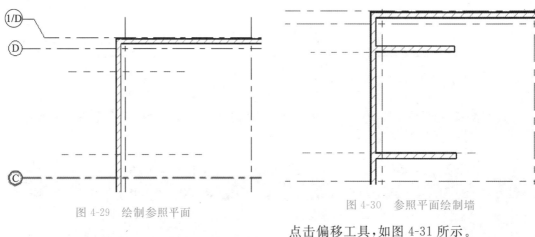

图 4-29　绘制参照平面

图 4-30　参照平面绘制墙

点击偏移工具，如图 4-31 所示。

图 4-31　偏移工具

　　当蓝色虚线出现在墙的右方时，点击墙，如图 4-32 所示。用户可以通过空格键来控制蓝色虚线的方位。

　　用修剪工具来修剪墙角，选择"修改"面板中的修剪命令，点击我们需要保留的两部分墙即可，如图 4-33 所示。

　　接下来需要将多余部分的墙体删除。我们可以结合拆分工具和修剪工具，以达到删除多余墙体的目的。选择"修改"面板中的"拆分图元"，在需要删除的墙体上任意点击一点，即完成墙体的拆分工作。此时，墙体成为两个独立的图元，如图 4-34 所示。然后使用修剪工具，点击需要保留的部分，即可完成墙体的修剪，如图 4-35 所示。

　　此时，点击快速访问工具栏中的"默认三维视图"按钮，选择所有的外墙对象，外墙三维效果如图 4-36 所示。

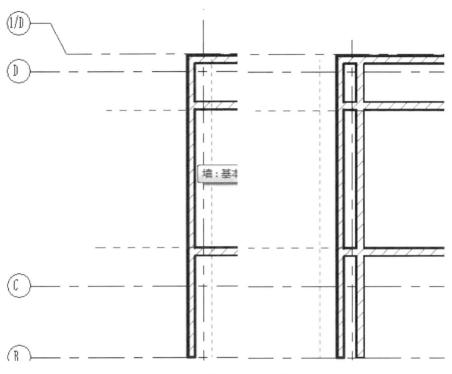

图 4-32　偏移工具的使用

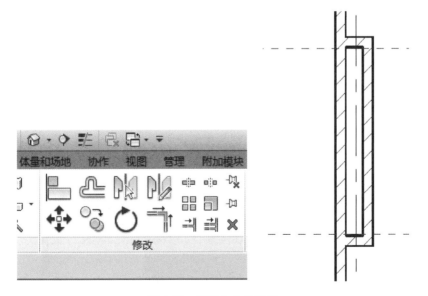

图 4-33　修剪命令的使用

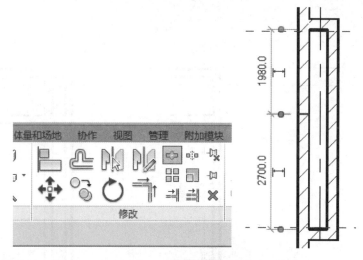

图 4-34　拆分命令的使用

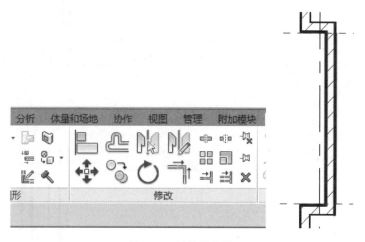

图 4-35　墙体的修剪

图 4-36　外墙三维效果

4.4 实例练习:墙体

绘制完成的 Revit 墙体模型如图 4-37 所示。

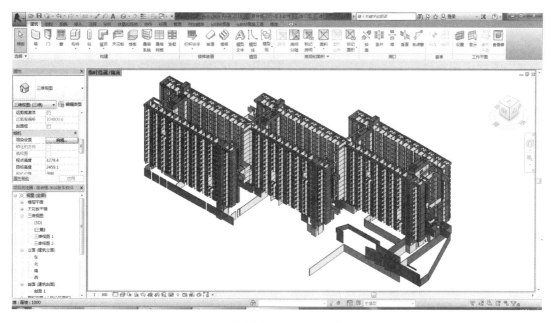

图 4-37 绘制完成的 Revit 墙体模型

第5章 门 窗

教学提示：门窗基于墙体创建，在创建墙体模型以后，就可以根据项目需要进行门窗的创建。本章主要通过简单的案例项目讲述门窗的创建方法以及编辑修改。

教学目标：本章要求学生了解门窗的基本属性、设置方法，并掌握创建和编辑门窗的方法。

5.1 创建常规门窗

在 Revit 中，使用门窗工具可以方便地在项目中添加任意形式的门或窗。门窗构件属于外部族，所以在添加门窗之前，必须先在项目中载入项目所需的门族或窗族，然后才能在项目中使用门族或窗族。

1. 创建常规门

打开"项目文件. rvt"项目文件，在"建筑"面板中点击"门"按钮，Revit 软件会打开"修改|放置 门"选项卡。在"模式"选项卡中点击"载入族"按钮，Revit 软件将打开"载入族"对话框，然后选择并打开"China"—"建筑"—"门"—"普通门"—"平开门"—"双扇"文件夹中的"双面嵌板玻璃门 4. rfa"族文件，如图 5-1 所示。

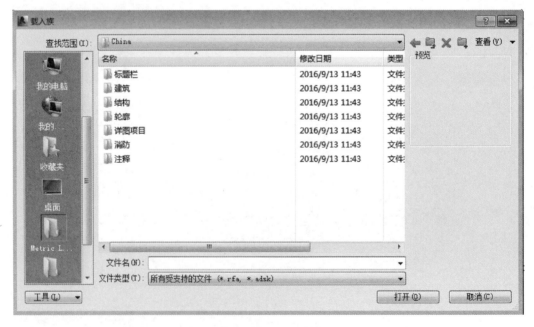

图 5-1　选择门族文件

载入门族后,Revit 软件将在"属性"面板的类型选择器中显示该族类型。然后点击"编辑类型"对话框,打开"类型属性"对话框,复制门类型为"项目-正门",并在"功能"下拉列表中选择"外部"选项,效果如图 5-2 所示。

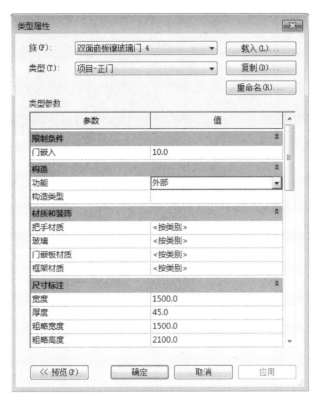

图 5-2　"类型属性"对话框

在此对话框中,不仅能够复制族类型,还可以重命名门类型,也可以在"类型参数"列表中设置与门相关的参数,以此来改变门图元的显示效果。

门类型参数的设置完成后,移动光标至绘图区域,沿着轴线 1/D 并在轴线 1 与轴线 2 之间的墙体适当位置连续点击,为其添加门图元,效果如图 5-3 所示。

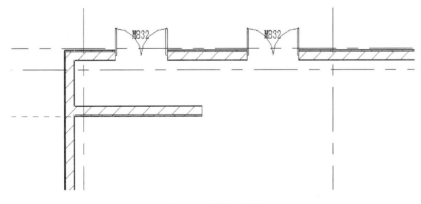

图 5-3　添加门图元

双击 Esc 键,切换至三维视图,查看正门效果,如图 5-4 所示。

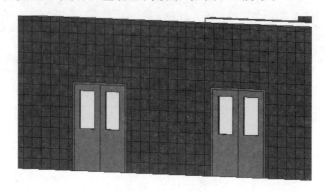

图 5-4　正门效果

正门添加完成后,切换至 F1 楼层平面视图,按照上述方法再次载入适当的门族类型,设置相应的类型参数。在适当的墙体位置上添加其他门图元,效果如图 5-5 所示。

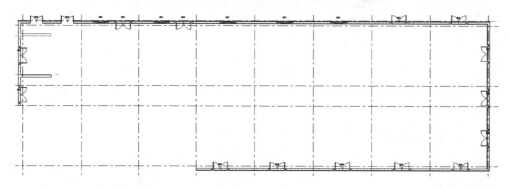

图 5-5　添加其他门图元效果

切换至三维视图,在"属性"面板中启动"剖面框"复选框,并拖动蓝色控制按钮,查看各门图元效果,如图 5-6 所示。

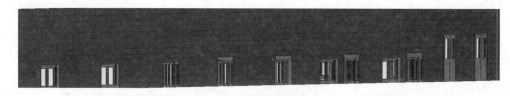

图 5-6　门图元三维效果

此外,用户还可以打开"门"工具,并从库中载入"门洞"图元添加门洞。门洞的添加方法与添加门一样,这里不再叙述。

2.创建常规窗

门添加完成后,切换至 F1 楼层平面视图。在"建筑"面板中点击"窗"按钮,Revit 软件会打开"修改|放置 窗"选项卡。接着进入"模式"面板,点击"载入族"按钮,Revit 软件将打开"载入族"对话框。选择并打开"China"—"建筑"—"窗"—"普通窗"—"组合窗"文件夹中的"组合窗-双层四列(两侧平开).rfa"族文件,效果如图 5-7 所示。

图 5-7　选择窗类型

　　窗族载入后,"属性"面板的类型选择器中会显示刚载入的族类型。然后,点击"编辑类型"对话框,打开"类型属性"对话框。复制窗类型为"C-1",并且在"尺寸标注"参数列表中,将"上部窗扇高度"和"平开扇宽度"分别设置为 600 和 1000,效果如图 5-8 所示。

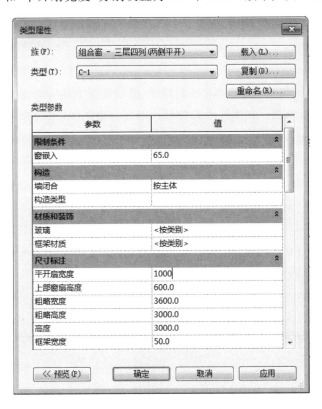

图 5-8　设置窗类型参数

窗类型参数设置完成后,移动光标至绘图区域,沿着轴线 $1/D$ 并在轴线 1 与轴线 5 之间的墙体适当位置连续点击以添加窗图元,效果如图 5-9 所示。

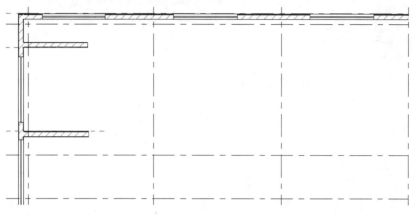

图 5-9　添加窗图元

然后双击 Esc 键,切换至默认三维视图中,即可查看窗的效果,如图 5-10 所示。

图 5-10　窗图元的三维效果

添加完成"C-1"后,切换至 F1 楼层平面视图,然后按照上述方法再次载入适当的窗族类型,并设置相应的类型参数。在墙体上添加载入的其他窗图元,效果如图 5-11 所示。

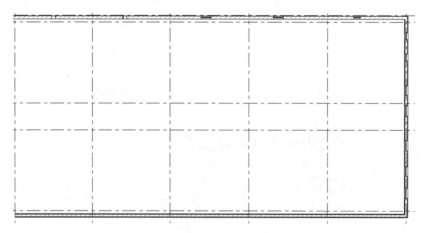

图 5-11　其他窗图元

此时,切换至三维视图,查看窗图元的三维效果,如图 5-12 所示。

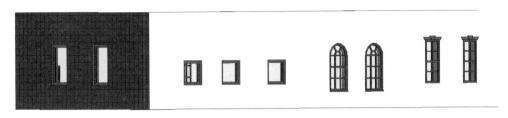

图 5-12 窗图元的三维效果

5.2 编辑常规门窗

门窗是建筑造型的重要组成部分,它们的形状、尺寸、比例、排列、色彩、造型等对建筑的整体造型都有很大的影响。由于门窗都是外部载入族,所以其编辑方法完全一样。

1.修改门窗实例参数

选择门窗,并在"属性"选项卡中设置所需门窗的标高、底高度等实例参数,其效果如图5-13 所示。

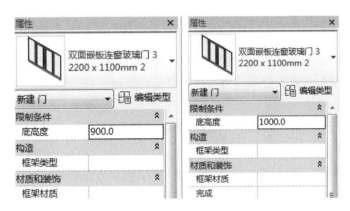

图 5-13 修改门窗实例参数

2.修改门窗类型参数

选择门窗,在"属性"选项卡中点击"编辑类型"按钮,打开"类型属性"对话框,然后点击复制或重命名来创建一个新的门窗类型,也可以修改门窗的高度、宽度等参数,以改变门窗的显示效果。

3.开启方向及临时尺寸控制

选择门窗,软件将显示蓝色临时尺寸标注和方向控制按钮,效果如图5-14 所示。点击蓝色临时尺寸文字,可编辑尺寸数值,门窗位置也将随着尺寸的改变而自动调整;通过点击蓝色"翻转"方向符号,可调整门窗的左右、内外开启方向。

4.常规编辑命令

除了上述提到的编辑工具,用户还可以通过"修改|门"或"修改|窗"选项卡,以及选项卡各个面板中的编辑命令来分别编辑门窗。通常情况下,"修改"面板中有"移动""复制""旋

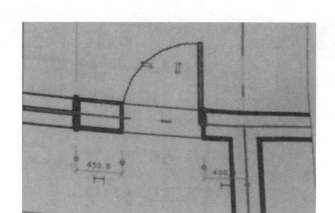

图 5-14 临时尺寸标注和方向控制

转""阵列""镜像""对齐"等命令,而"剪贴板"面板中有"复制到剪贴板""剪切到剪贴板""从剪贴板中粘贴"等命令。比如,用户可以点击"剪贴板"上的编辑命令,使项目文件中 F1 楼层的门窗图元显示在 F2 和 F3 楼层中的相同位置上。

5.移动门

选择门窗,按住鼠标左键拖曳可以在当前墙的方向上移动的图元,如果需要把该图元移动至不同方向的墙体上,则可以使用"拾取新主体"工具。

选择任一门图元,点击功能区"拾取新主体"按钮,并移动光标至右侧垂直墙上。同插入门一样捕捉插入位置,并设置开启方向。接着点击,即可将门移动到另一面墙体上。

5.3 实例练习:门窗

绘制完成的 Revit 门窗模型如图 5-15 所示,其全貌如图 5-16 所示。

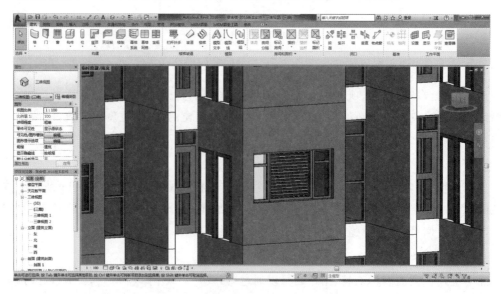

图 5-15 绘制完成的 Revit 门窗模型

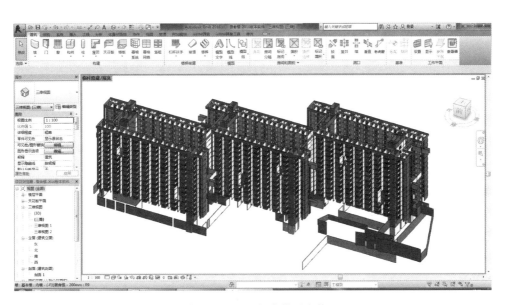

图 5-16　Revit 门窗模型全貌

第6章 玻璃幕墙

教学提示:本章主要通过简单的案例项目讲述幕墙模型的基本属性及其设置方法,以及幕墙系统的创建。

教学目标:本章要求学生主要掌握玻璃幕墙的参数设计方法,绘制幕墙的方法,幕墙网格的创建及编辑,幕墙嵌板的选择及替换为门窗、墙体或空嵌板的方法和创建幕墙系统的方法,并了解幕墙的其他应用方法,学会灵活运用。

6.1 玻璃幕墙简介

在 Revit 中,幕墙属于墙体的一种类型,可以像绘制基本墙一样绘制幕墙。玻璃幕墙是不分担主体结构所受作用的建筑外围护结构或装饰结构,常作为一种美观新颖的建筑墙体装饰方法。在一般的应用中,玻璃幕墙多被定义为薄的、带铝框的墙。

1.玻璃幕墙类型

玻璃幕墙默认有三种类型:幕墙、外部玻璃、店面,如图 6-1 所示。

①幕墙:一整块玻璃,没有预先划分网格,直的幕墙只有添加网格后才能成为弯曲的幕墙。

②外部玻璃:有预先划分网格,网格间距比较大且可调整。

③店面:有预先划分网格,网格间距比较小且可调整。

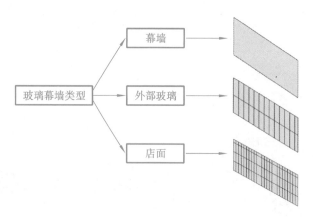

图 6-1 玻璃幕墙类型

2.玻璃幕墙组成

玻璃幕墙由幕墙竖梃、幕墙嵌板和幕墙网格三个部分组成,如图 6-2 所示。

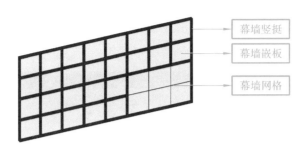

图 6-2　玻璃幕墙组成

①幕墙竖梃：幕墙龙骨，沿幕墙网格生成的线性构件，可编辑其轮廓。

②幕墙嵌板：构成幕墙的基本单元。

③幕墙网格：决定幕墙嵌板的大小、数量。

6.2　添加玻璃幕墙

1.绘制玻璃幕墙

选择"建筑"选项卡，点击"墙"按钮，在属性栏下拉列表中，选择幕墙类型，如图 6-3 所示。

①"幕墙"未划分网格，创建出的幕墙是一整片玻璃。

②"外部玻璃"或"店面"有划分网格，可创建弧形类幕墙，如图 6-4 所示。

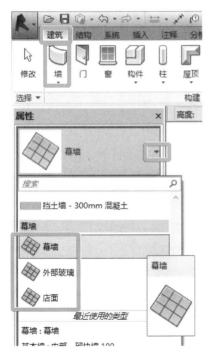

图 6-3　选择幕墙类型

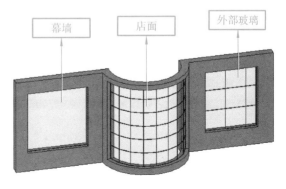

图 6-4　玻璃幕墙图示

2.编辑图元属性

选择幕墙,点击"编辑类型"按钮,弹出幕墙的"类型属性"对话框,编辑幕墙的类型参数,如图 6-5 所示。

图 6-5　编辑幕墙的类型参数

对于有划分网格的外部玻璃和店面类型的幕墙,可通过改变参数设置来控制幕墙网格的布局、间距、对齐、旋转角度和偏移值,还可以设置垂直竖梃和水平竖梃的类型,如图 6-6 所示。

设置完成后生成竖梃,如图 6-7 所示。

图 6-6　设置竖梃类型

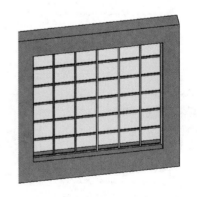

图 6-7　生成竖梃

3.编辑立面轮廓

因为玻璃幕墙属于墙的一种类型,所以同样可以像基本墙一样任意编辑其轮廓。

选择幕墙,自动激活"修改|墙"选项卡,点击其面板下的"编辑轮廓"按钮,开始编辑立面轮廓,如图 6-8 所示。

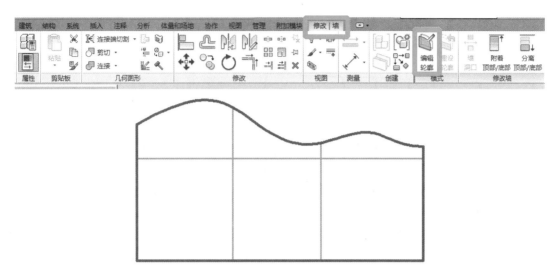

图 6-8　编辑立面轮廓

6.3　幕墙网格

1.划分幕墙网格

通常按规则自动布置了网格的幕墙,同样需要手动添加网格细分幕墙。对于已有的幕墙网格也可以手动添加或删除。Revit 中有专门的"幕墙网格"功能,用来创建不规则的幕墙网格。

选择"建筑"选项卡,点击"幕墙网格"按钮,自动跳转到"修改|放置 幕墙网格",且默认"全部分段",将光标移至幕墙上,出现垂直或水平虚线,点击即可放置幕墙网格,可以整体分割或局部细分幕墙,如图 6-9 所示。

①全部分段:点击添加整条网格线。

②一段:点击添加一段网格线细分嵌板。

③除拾取外的全部:点击,先添加一条红色的整条网格线,再点击不需要添加网格线的那段,其余的嵌板均添加网格线。

2.编辑幕墙网格线

选中放置的网格,点击"修改|幕墙网格"面板下的"添加/删除线段"命令,如图 6-10 所示,点击要删除的网格,即可删除某段网格。反之,在某段缺少网格的位置点击,可以添加网格。

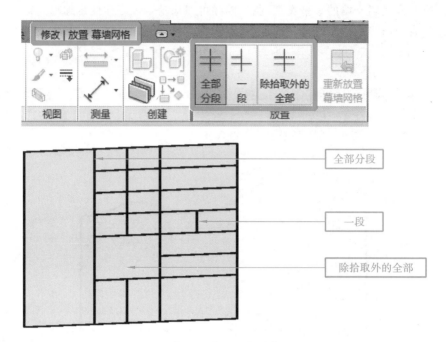

图 6-9　幕墙网格划分

图 6-10　编辑幕墙网络线

3.幕墙网格间距调整

可手动调整幕墙网格间距。选择幕墙网格(按 Tab 键切换选择),点击开锁标记可修改网格临时尺寸,如图 6-11 所示。

4.改变幕墙网格角度

当幕墙网格与不规则幕墙不协调时,可调节幕墙网格角度使其一致。测量倾斜角度后,点击幕墙,在属性栏"垂直网格"和"水平网格"的"角度"中输入倾斜角度,点击"应用"即可,如图 6-12 所示。

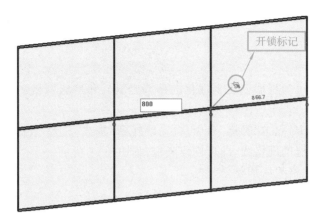

图 6-11　手动调整网格间距

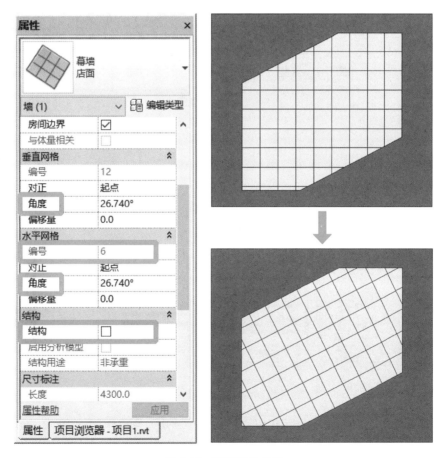

图 6-12　改变网格角度

6.4　幕墙竖梃

1.添加幕墙竖梃

有了幕墙网格即可为幕墙创建个性化的幕墙竖梃。和幕墙网格一样,添加竖梃也有三种选项。

选择"建筑"选项卡,点击"竖梃"命令,自动跳转到"修改 | 放置 竖梃",且默认选择"网格线",点击需要添加竖梃的网格线,即可创建竖梃,如图 6-13 所示。

①网格线:点击网格线添加整条竖梃。

②单段网格线:点击某段网格线添加一段竖梃。

③全部网格线:全部空网格添加竖梃。

图 6-13　添加幕墙竖梃

2.编辑幕墙竖梃

点击任一相交的竖梃,自动跳转到"修改 | 幕墙竖梃",竖梃选项卡中出现"结合"和"打断"按钮,如图 6-14 所示。

点击"结合"或"打断"按钮,即可切换水平竖梃与垂直竖梃间的连接方式,如图 6-15 所示。

图 6-14　"结合"和"打断"按钮　　　　　图 6-15　竖梃连接方式切换

选择"建筑"选项卡,点击"竖梃"按钮,可从属性栏的"类型选择"下拉列表中选择需要的竖梃类型,默认的有 L 形、V 形、四边形、圆形、梯形角、矩形竖梃(图 6-16),也可以自定义竖梃轮廓(矩形竖梃或圆形竖梃可以定制轮廓,而梯形角竖梃不能定制轮廓)。点击属性栏中的"编辑类型"即可编辑类型属性,在弹出的"类型属性"对话框中,点击"轮廓"的下拉按钮,可选择槽钢等样式,如图 6-17 所示。

图 6-16　竖梃类型　　　　　　　　　　　　　　　图 6-17　选择竖梃轮廓

3.创建隐框式玻璃幕墙

我们平时创建的幕墙通常是明框式玻璃幕墙(图 6-18),而幕墙中的一种隐框式玻璃幕墙在实际工程中应用更为广泛。

创建一个幕墙的剖面,测量幕墙内边至竖梃外边的距离,如图 6-19 所示。

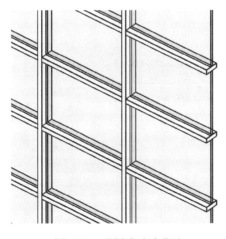

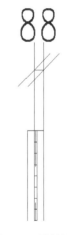

图 6-18　明框式玻璃幕墙　　　　　　　　　　　　图 6-19　测量边距

选择"建筑"选项卡,点击"竖梃"按钮,在属性栏中点击"编辑类型",弹出"类型属性"对话框,在"偏移量"中输入测量出的偏移量,点击"确定",即创建隐框式玻璃幕墙,如图 6-20 所示。

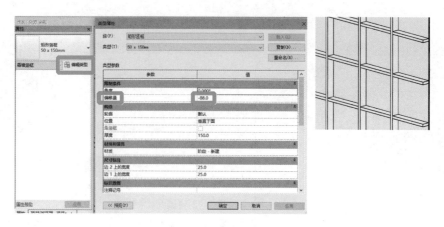

图 6-20　创建隐框式玻璃幕墙

6.5　替换幕墙嵌板

Revit 中默认的幕墙嵌板为玻璃嵌板，可以将幕墙玻璃嵌板替换成门、窗、墙体、空嵌板等，以实现想要的效果。

移动光标到要替换的幕墙嵌板边缘，使用 Tab 键切换预选择的幕墙嵌板，选中幕墙嵌板后，自动激活"修改|幕墙嵌板"选项卡，点击属性栏中的"编辑类型"，弹出"类型属性"对话框，可在"族"下拉列表中直接替换现有幕墙窗或门，或者点击"载入"按钮从库中载入，可以在幕墙上开门或开窗。

当需要载入门、窗嵌板族时，点击"载入"按钮，在软件自带的族库"建筑"—"幕墙"—"门窗嵌板"下选择所需门、窗嵌板族文件，载入项目，如图 6-21 所示。

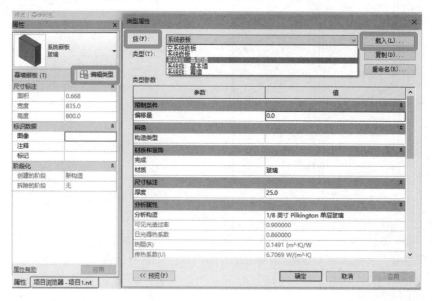

图 6-21　替换幕墙嵌板

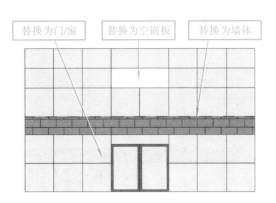

续图 6-21

6.6　幕 墙 系 统

1. 创建幕墙系统

幕墙系统是一种构件，可以通过选择体量图元面来创建幕墙系统。在创建幕墙系统后，使用与幕墙相同的方法添加幕墙网格和竖梃。

选择"体量和场地"选项卡，点击"内建体量"，在弹出的"名称"对话框中输入体量名称"体量 1"，使用"绘制"面板中的绘制工具画出需要创建的体量，点击"创建形状"下拉按钮，选择"实心形状"，点击"完成体量"，成功创建所需体量，如图 6-22 所示。

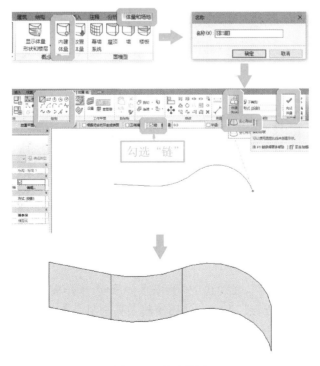

图 6-22　创建体量

选择"建筑"选项卡,点击"幕墙系统",自动跳转到"修改|放置面幕墙系统"面板,移动光标选择需要创建幕墙系统的体量图元面,点击"创建系统"按钮,即可创建面幕墙系统,如图6-23 所示。

创建所需幕墙系统后,可在属性栏中点击"编辑类型"设置幕墙系统的属性参数,如预设幕墙网格分布规则、竖梃类型等。

【注意】不能将墙或屋顶创建为幕墙系统。

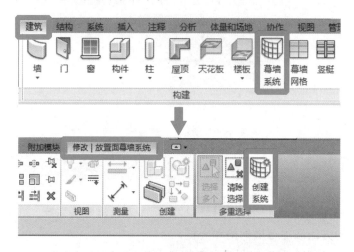

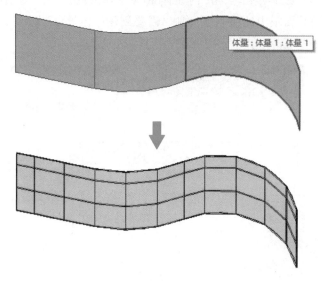

图 6-23 创建面幕墙系统

2.创建不规则分割的幕墙系统

点击"新建"—"概念体量",在弹出的"新概念体量-选择样板文件"对话框中双击"公制体量.rft",自动跳转到"修改|线"面板。使用绘制工具绘制线条,点击"创建形状"下拉按钮,选择"实心形状",点击"拆分面"按钮按需求分割面,点击"载入到项目"按钮,自动跳转到"修改|放置面幕墙系统"面板,全选,点击"创建系统"按钮,即可创建不规则分割幕墙系统,如图6-24 所示。

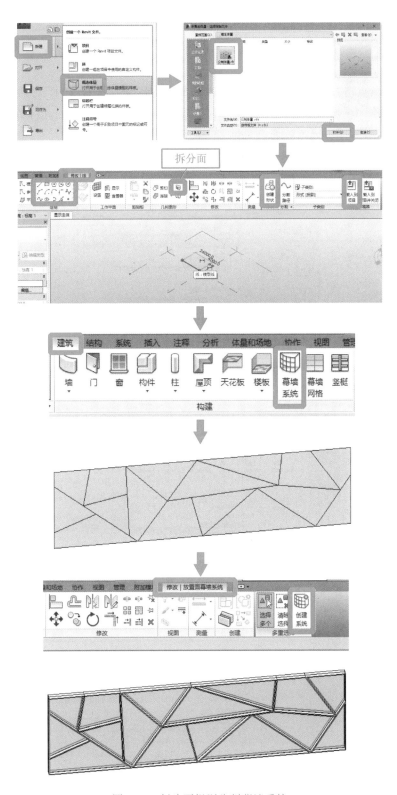

图 6-24　创建不规则分割幕墙系统

6.7　用幕墙创建百叶窗

（1）帘片族：点击"新建"，选择"族"，在弹出的"新族-选择样板文件"对话框中搜索选择"公制轮廓-竖梃.rft"，打开该文件后，使用绘制工具画出 25 mm×150 mm 的矩形作为帘片，点击"载入到项目"，即可完成族轮廓创建，如图 6-25 所示。

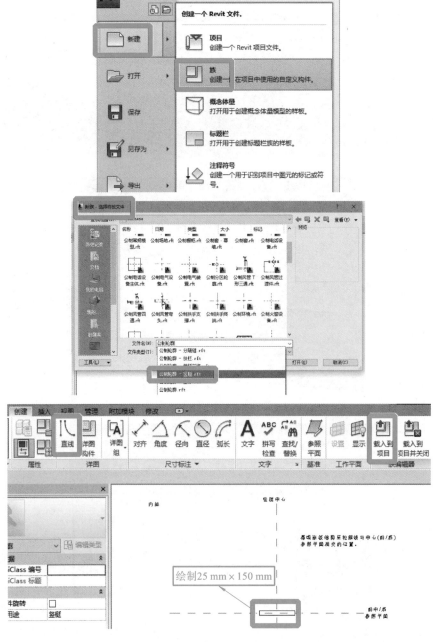

图 6-25　绘制帘片族轮廓

（2）百叶窗族：在"项目浏览器-项目"中选择"族"—"幕墙竖梃"—"矩形竖梃"，右键点击"50×150 mm"，选择"复制"，创建名为"百叶窗"的族，双击"百叶窗"，在弹出的"类型属性"对话框中将"轮廓"一项选为"系统竖梃轮廓：矩形"，如图 6-26 所示。

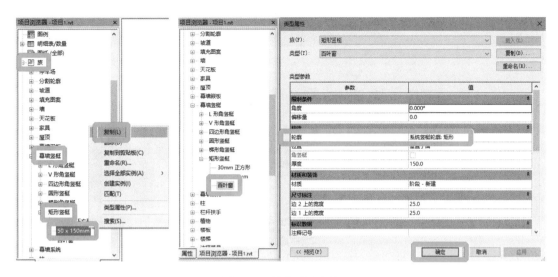

图 6-26　创建百叶窗族

（3）百叶窗：选择"建筑"选项卡，点击"墙"按钮，下拉属性栏后选中"幕墙"，使用绘制工具绘出幕墙，选择幕墙并点击"编辑类型"，设置成如图 6-27 所示的参数，点击"确定"，成功创建百叶窗。

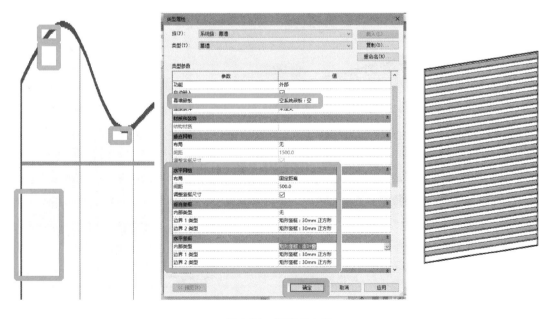

图 6-27　创建百叶窗

6.8　实例练习:幕墙

绘制完成的 Revit 幕墙模型如图 6-28 所示,其全貌见图 6-29。

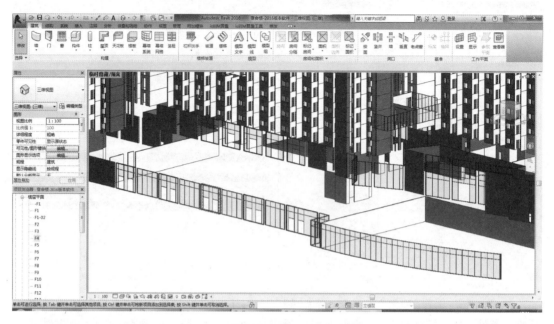

图 6-28　绘制完成的 Revit 幕墙模型

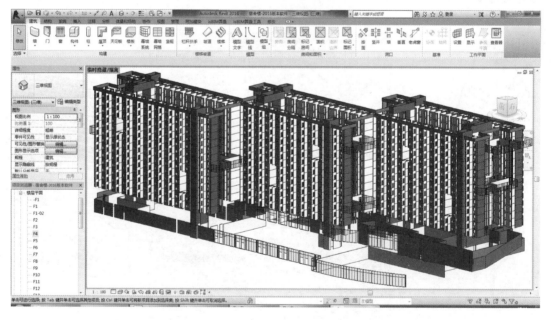

图 6-29　Revit 幕墙模型全貌

第7章 楼　　梯

教学提示：楼梯是让人顺利地通过上、下两个空间的通道，其结构必须设计合理，要求设计师对尺寸有透彻的了解和掌握，使其所占空间最少。此外，从建筑艺术和美学的角度来看，楼梯是视觉的焦点，也是彰显主人个性的一大亮点。本章主要通过简单的案例项目讲述楼梯模型相关参数及设置方法，创建楼梯的两种方法，坡道和栏杆扶手的创建。

教学目标：本章要求学生了解楼梯基本组成及参数设置，并掌握按草图（重点）和构件创建楼梯的两种方法、创建坡道的方法，以及创建和修改栏杆扶手的方法。

7.1　楼梯的组成

楼梯一般由梯段、平台、栏杆扶手三部分组成，如图7-1所示。

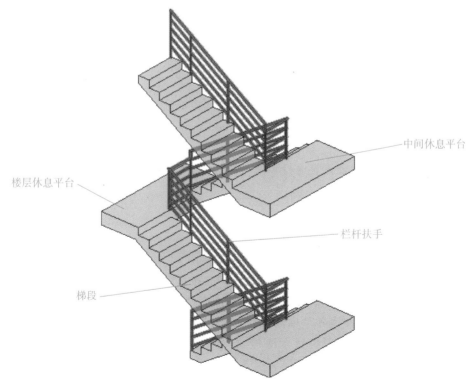

图 7-1　楼梯组成

楼梯尺度包括踏步尺度、梯段尺度、平台宽度、梯井宽度、栏杆扶手尺度和楼梯净空高度。

(1)踏步尺度分为踏步高度和踏步宽度。楼梯坡度在实际应用中均由踏步高宽比决定。踏步高宽比需要根据人流行走的舒适度、安全性和楼梯间的尺度、面积等因素进行综合权衡。常用的坡度为1∶2。当人流量大时,安全要求高的楼梯坡度应该平缓一些,反之则可陡一些,以利节约楼梯水平投影面积。踏步高度和踏步宽度一般根据经验数据确定,具体如表7-1所示。

表 7-1　常用踏步尺度

建筑类型	住宅楼	学校、办公楼	幼儿园	医院	剧院、会堂
踏步高度/mm	150～175	140～160	120～150	120～150	120～150
踏步宽度/mm	260～300	280～340	260～280	300～350	300～350

(2)梯段尺度分为梯段宽度和梯段长度。其中,梯段宽度应根据紧急疏散时要求通过的人流股数确定,且每股人流按550～600 mm考虑,双人通行时梯段宽度一般设为1100～1200 mm,依次类推。此外,还需要满足各类建筑设计规范中对梯段宽度的最低限要求。

(3)平台宽度分为中间平台宽度和楼层平台宽度。对于平行和折行多跑等类型楼梯,其中间平台宽度应不小于梯段宽度,且不得小于1200 mm,以保证通行和梯段同股数的人流;同时应便于家具搬运,医院建筑还应保证担架在平台处能转向通行,且其中间平台宽度应不小于1800 mm。对于直行多跑楼梯,其中间平台宽度不宜小于1200 mm,而楼层平台宽度应比中间平台更宽松一些,以利于人流分配和停留。

(4)梯井指梯段之间形成的空档,且该空档从顶层到底层贯通,梯井宽度应小,以60～200 mm为宜。

(5)栏杆扶手尺度通常指高度,即踏步前缘线到扶手顶面的垂直距离,根据人体重心高度和楼梯坡度大小等因素确定,一般不应低于900 mm,供儿童使用的楼梯应在500～600 mm高度增设扶手。

(6)楼梯净空高度应保证人流通行和家具搬运,一般要求不小于2000 mm,梯段范围内的净空高度应大于2200 mm。

7.2　添加楼梯

在Revit中,楼梯创建有两种方式:"按构件"和"按草图"。

"按构件"方式是通过编辑"梯段""平台""支座"(梯边梁或斜梁)来创建楼梯;而"按草图"方式是通过编辑"梯段""边界""梯面"的线条来创建楼梯的,在编辑状态下,可以通过修改绿色边界线和黑色梯面线来编辑楼梯样式,形式比较灵活,可以创建很多形状各异的楼梯。

1."按构件"方式创建楼梯

直接进入"楼层平面:标高1"视图,选择功能区"建筑"—"楼梯"—"楼梯(按构件)"命令,自动跳转到"修改|创建楼梯",默认的选项为"梯段"—"直梯",如图7-2所示。

图 7-2　"按构件"方式创建楼梯

点击用户界面左边的属性栏,可以选择楼梯类型为"现场浇筑楼梯"或"预浇筑楼梯",复制新建一个类型为"现场浇筑楼梯",将其命名为"楼梯-1",并设置相应的类型属性,如图 7-3 所示。

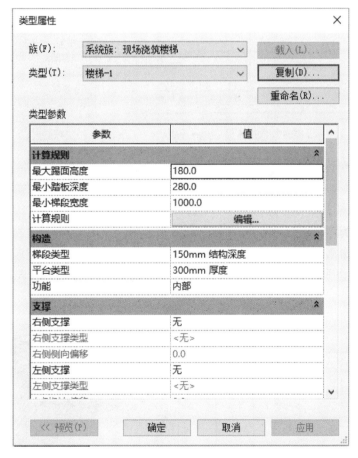

图 7-3　"按构件"方式创建楼梯类型属性

图 7-3 中的"最大踢面高度"和"最小踏板深度"是 Revit 用来自动计算踏面数的。当我们修改楼梯的整体高度时,踏面数也会随着更新。也可以通过直接修改踏面数来修改楼梯,但如果踏面数太少,则会导致系统报错,如图 7-4 所示。

完成类型参数的设置后,点击"确定"按钮,在属性面板中确定"限制条件"选项组中的"底部标高"为"标高 1(0.000)","顶部标高"为"标高 2(3.600)","底部偏移"和"顶部偏移"均为"0.0"。"按构件"方式创建楼梯属性栏如图 7-5 所示,其选项栏如图 7-6 所示。

图 7-5 "按构件"方式创建楼梯属性栏

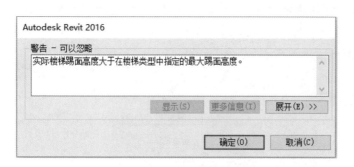

图 7-4 楼梯警告提示框

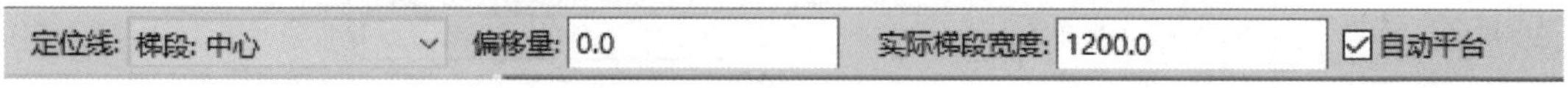

图 7-6 "按构件"方式创建楼梯选项栏

绘制参照点为楼梯梯段中心点,在楼梯起点位置第一次点击,沿着楼梯方向移动光标至中间休息平台点击第二次,在第二跑楼梯起点位置点击第三次,沿楼梯方向移动光标直至终点,如图 7-7、图 7-8 所示。绘制楼梯以后,也可以点击需要修改的梯段进行梯段宽度的修

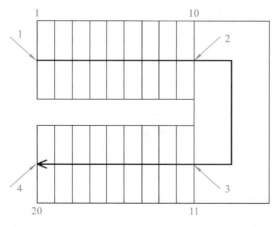

图 7-7 "按构件"方式绘制的楼梯

图 7-8 完成的两跑楼梯

改。最后点击功能选项卡"修改/创建楼梯"中的"✔"，完成楼梯的绘制。在这种方法中，两个梯段的休息平台是自动创建的，但如果两个梯段是分开绘制的，中间平台就需要运用"楼板工具"来创建，在介绍楼板时会进行详细说明。

2."按草图"方式创建楼梯

直接进入"楼层平面：标高 1"视图，选择功能区"建筑"—"楼梯"—"楼梯（按草图）"命令，自动跳转到草图模式，出现功能选项卡"修改｜创建楼梯草图"，默认选项为"梯段"—"直线"，如图 7-9 所示。

图 7-9　"按草图"方式创建楼梯

新建楼梯类型"楼梯-2"，并设置相应的类型属性，如图 7-10 所示。

完成类型参数的设置后，点击"确定"按钮，在属性面板中确定"限制条件"选项组中的"底部标高"为"标高 1（0.000）"，"顶部标高"为"标高 2（3.600）"，"底部偏移"和"顶部偏移"均为"0.0"；"尺寸标注"选项中的"宽度"为"1400.0"，如图 7-11 所示。

图 7-10　"按草图"方式创建楼梯类型属性

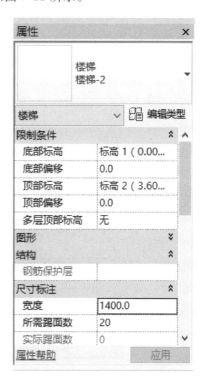

图 7-11　"按草图"方式创建楼梯属性栏

此时,在"属性"面板中,除"宽度"选项外,"尺寸标注"选项组中其他选项的值均是通过"限制条件"选项组中的选项值自动算出的,通常情况下不需要改动。

楼梯的草图由绿色的边界线、黑色的梯面线和蓝色的梯段线组成,边界线和梯面线可以是直线也可以是弧线,但要保证内外两条边界线分别连续,且首尾与梯面线闭合。创建平台时,要注意将边界线在梯段与平台相交处打断,而且在草图方式中边界线不能重合,所以要创建有重叠的多跑楼梯只能采用"按构件"方式。

绘制完成后,点击"✔",删除靠近墙一侧的栏杆扶手,完成楼梯创建,如图 7-12 所示。

若要创建其他形式楼梯,如休息平台是弧形的,可以先绘制常规矩形楼梯,然后在草图模式下,删除原来的直线边界或踢面线,再用"边界"和"踢面"命令绘制新的弧线即可,如图7-13 所示。

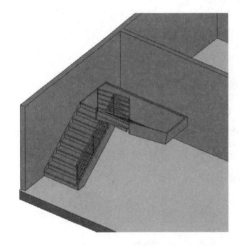

图 7-12 "按草图"方式绘制的楼梯

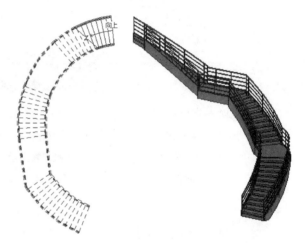

图 7-13 "按草图"方式绘制的异型楼梯

7.3　创建坡道

在 Revit 中,坡道的创建方法与楼梯相似。用户可以定义直梯段、L 形梯段、U 形坡道和螺旋坡道,还可以通过修改草图来更改坡道的外边界。

选择功能区"建筑"—"坡道"命令,跳转到"修改|创建坡道草图"选项卡,绘制工具默认为"梯段"—"直线",如图 7-14、图 7-15 所示。

图 7-14 "修改/创建坡道草图"选项卡

坡道属性设置如图 7-16 所示。

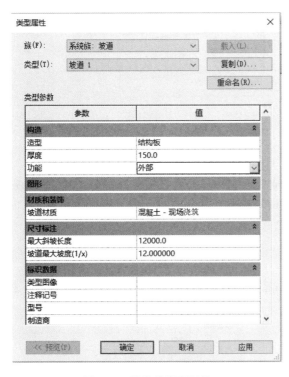

图 7-15 坡道的类型属性

图 7-16 坡道属性设置

在平面视图中分别点击放置坡道的起点和终点。系统会根据之前设置的最大坡度和坡道的高度差自动计算斜坡的长度。绘制无误后,点击"✓",转到三维视图查看,效果如图 7-17 所示。同楼梯一样,系统会默认放置栏杆扶手,设计者可以根据需要自行删除。

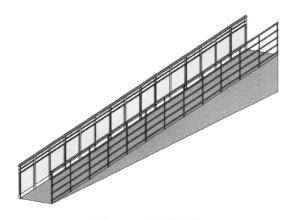

图 7-17 生成的坡道

7.4 栏杆扶手

Revit 提供了专门的"栏杆扶手"命令用于绘制栏杆扶手。栏杆扶手由"栏杆"和"扶手"两部分组成,可以分别指定族的类型,从而组成不同类型的栏杆扶手,如图 7-18 所示。

图 7-18　栏杆扶手

（1）绘制栏杆扶手。

选择功能区"建筑"—"栏杆扶手"—"绘制路径"命令，自动跳转到路径绘制模式，出现功能选项卡"修改|创建栏杆扶手路径"，默认选择"绘制"—"直线"命令，如图 7-19 所示。

在属性栏类型下拉栏中，复制新建一个"1000 mm"栏杆扶手类型，如图 7-20 所示。

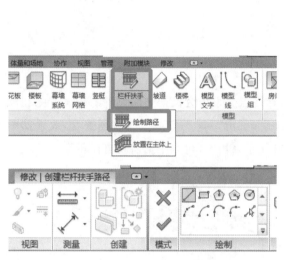

图 7-19　绘制路径命令

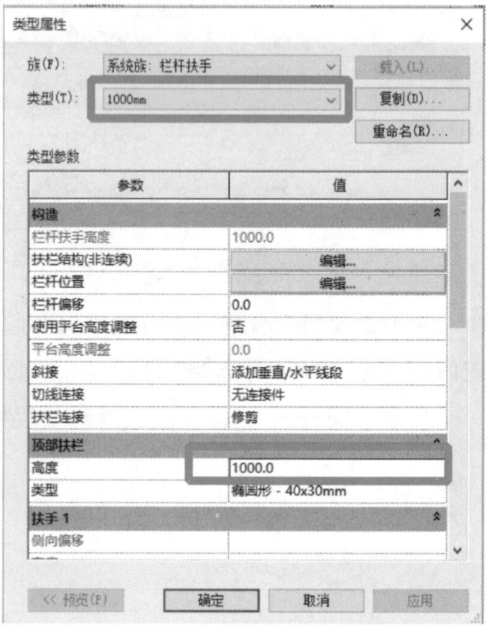

图 7-20　栏杆扶手的类型属性

根据需要放置栏杆的位置绘制路径，绘制完成后点击"✔"，转到三维视图查看，效果如图 7-21 所示。

【注意】如果绘制的路径是不连续的线段，那么就需要分两次绘制。

绘制楼梯的栏杆扶手时，同样是用"绘制路径"沿着楼梯的边界线绘制，点击"✔"完成，但是在三维视图中查看时，我们发现会出现图 7-22 中的情况，即栏杆扶手没有落在楼梯上。

这时，我们还需要对栏杆扶手进一步处理。首先选中该栏杆扶手，然后选择功能区"修改|栏杆扶手"—"拾取新主体"命令（图 7-23），然后将光标移动到对应楼梯上，当楼梯高亮时，点击楼梯，此时，我们发现栏杆扶手已经落到楼梯上了，如图 7-24 所示。对于楼道、坡道，均可以用该方法。

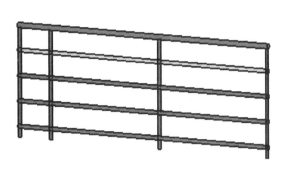

图 7-21　生成的栏杆扶手

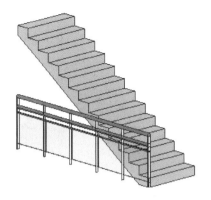

图 7-22　栏杆扶手没有落在楼梯上

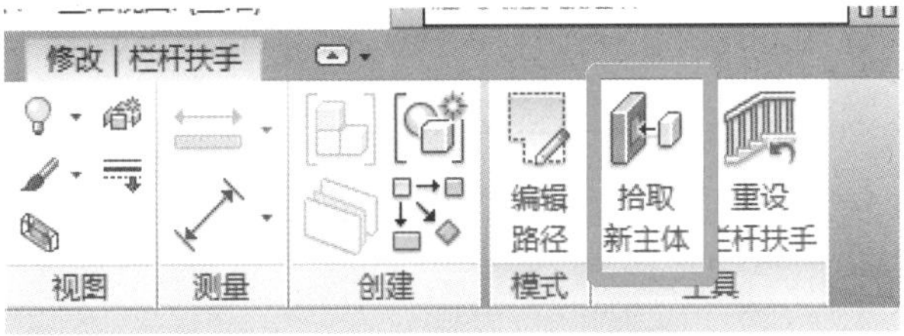

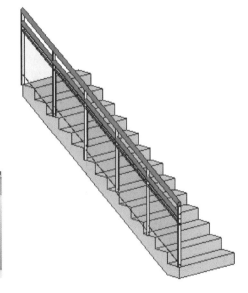

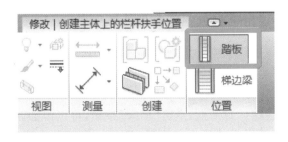

图 7-23　"拾取新主体"路径

图 7-24　修改后落在楼梯上的栏杆扶手

（2）创建主体上的栏杆扶手位置。

选择功能区"建筑"—"栏杆扶手"—"放置在主体上"命令，跳转到"修改|创建主体上的栏杆扶手位置"，并在"位置"面板中选择"踏板"，将鼠标移动至需要放置栏杆扶手的楼梯主体上，待主体高亮点击主体，则主体两边的栏杆扶手创建成功，如图 7-25、图 7-26 所示。

图 7-25　"放置在主体上"路径

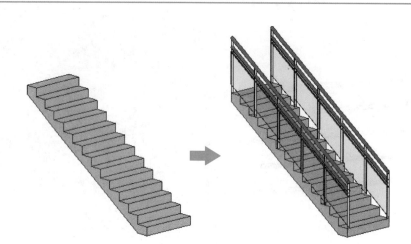

图 7-26　按"放置在主体上"绘制栏杆扶手

（3）自定义栏杆扶手。

除了用系统里的栏杆扶手类型，我们还可以根据需要定制一个栏杆扶手类型。在属性框中选择"1000 mm"类型的扶手，复制新建一个"栏杆扶手-1"类型，然后在"类型属性"对话框中点击"扶栏结构（非连续）"后面的"编辑"按钮（图 7-27）。

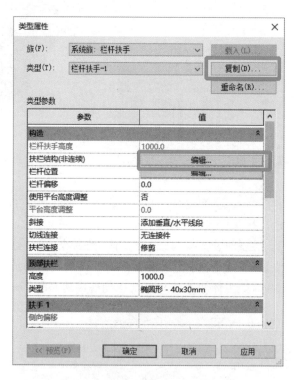

图 7-27　栏杆扶手类型属性对话框

打开"编辑扶手（非连续）"对话框，点击"插入"按钮，可以添加新的扶手，本例中添加了两个扶手，然后可以分别对两个扶手进行设置，扶手外形可以直接载入扶手轮廓族来添加（图 7-28）。需要注意的是，在插入的新扶手中，扶手的高度不能超过定义的栏杆扶手高度。扶手的"偏移"是指扶手轮廓相对于基点偏移中心线的左、右的距离。

图 7-28　扶手设置

设置完成后,点击"确定",退出"类型属性"对话框。

"类型属性"对话框中还涉及栏杆位置的编辑,点击"栏杆位置"后的"编辑"按钮(图 7-29),打开"编辑栏杆位置"对话框(图 7-30)。

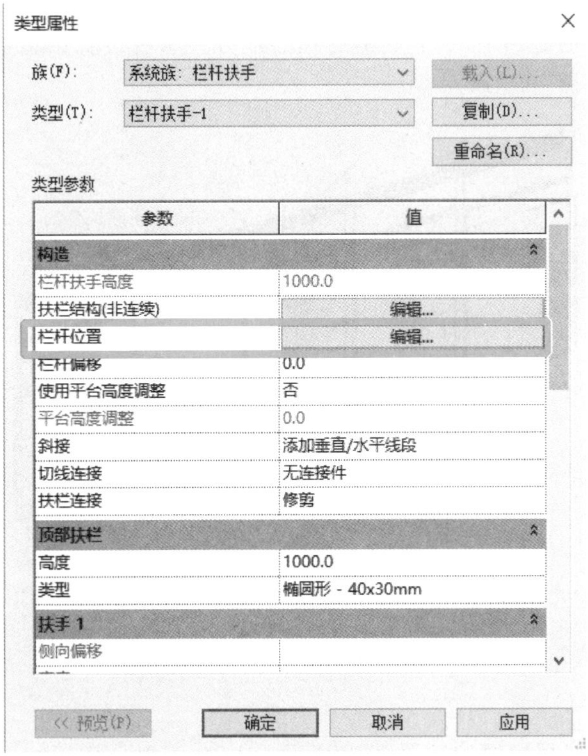

图 7-29　栏杆位置

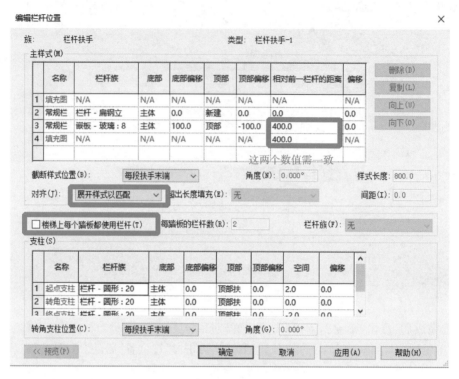

图 7-30 "编辑栏杆位置"对话框

设置时需要注意的是图 7-30 中框出的几处地方。所有设置都选好后,点击"确定",自定义栏杆扶手效果如图 7-31 所示。

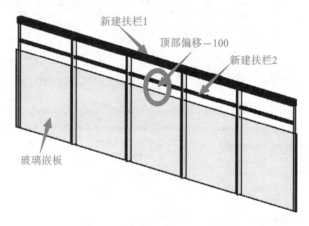

图 7-31 自定义栏杆扶手效果

7.5 实例练习:楼梯

绘制完成的 Revit 楼梯模型如图 7-32 所示。

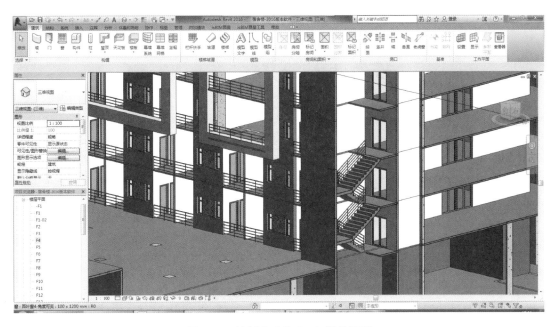

图 7-32　绘制完成的 Revit 楼梯模型

第8章 屋 顶

教学提示：屋顶是建筑的重要组成部分。在 Revit 中有 3 种方法创建屋顶：迹线屋顶、拉伸屋顶和面屋顶。本章主要通过简单的案例项目讲述迹线屋顶、拉伸屋顶的创建方法。

教学目标：本章要求学生重点掌握迹线屋顶的创建方法，包括直接修改屋顶迹线坡度和添加坡度箭头两种方式，并掌握拉伸屋顶的创建方法。

8.1 迹线屋顶

在平面视图中，选择功能区"建筑"—"屋顶"—"迹线屋顶"命令，功能选项卡自动跳转到"修改|创建屋顶迹线"，在"绘制"面板中有多种绘制方式，如直线、矩形、内接多边形和圆弧形等（图 8-1）。

进入绘制模式后，可先设置屋顶的高度，本例绘制二层，即标高 3(7.200)处的屋顶（图8-2）。

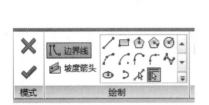

图 8-1 迹线屋顶绘制工具　　　　　　　图 8-2 屋顶高度设置

在标高 3 平面视图中，拾取屋顶边界轮廓，可直接用"拾取墙"工具来绘制屋面边界线，这里需要注意的是拾取的边界线必须是封闭的图形。轮廓绘制完以后，点击"✔"即可得到一个平屋顶。如果需要修改屋顶边界线，可以回到平面视图选中屋顶，再点击"编辑迹线"。若绘制的屋面是无坡度的，可在绘制前，取消勾选选项栏上的"定义坡度"，反之，创建坡屋顶时，则需要勾选"定义坡度"（图 8-3）。具体坡度可以在属性栏里修改，系统默认是30°。

图 8-3 定义坡度选项

平屋顶和坡屋顶效果如图 8-4 所示。

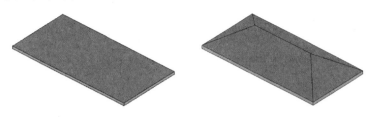

图 8-4 平屋顶和坡屋顶效果

创建坡屋顶的方式除了直接定义坡度，还可以用"坡度箭头"来创建坡屋顶。同样先选择功能区"建筑"—"屋顶"—"迹线屋顶"命令，然后在选择栏中取消勾选"定义坡度"选项，运用绘制工具绘制屋顶轮廓。完成屋顶轮廓的绘制后，在"绘制"面板上点击"坡度箭头"，这里需要注意的是，坡度箭头所指的方向是由低处指向高处，与我们传统认为的坡度不太一样，所以绘制的时候要特别留意（图 8-5）。

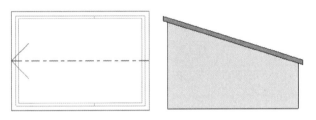

图 8-5 "坡度箭头"示意

绘制时定义"最低处标高"和"最高处标高"（图 8-6），即可得到需要的坡屋顶（图 8-7）。

图 8-6 属性栏

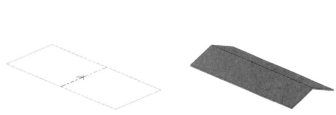

图 8-7 "坡度箭头"绘制坡屋顶

8.2 拉 伸 屋 顶

将视图切换到立面视图,例如我们将视图切换到东立面视图,然后绘制两个立面参照平面和一个水平参照平面,如图 8-8 所示。

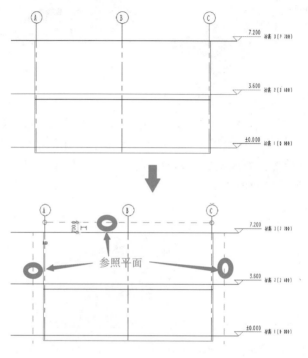

图 8-8　绘制参照平面

再转到标高 3 平面视图,选择功能区"建筑"—"屋顶"—"拉伸屋顶"命令,会自动弹出"工作平面"对话框(图 8-9),直接点击"确定"。然后选择 1 号轴,又弹出"转到视图"对话框,

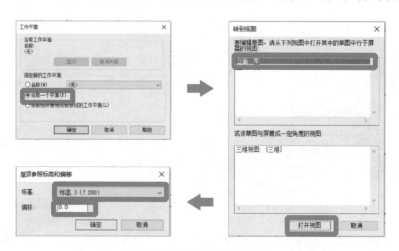

图 8-9　绘制拉伸屋顶过程

选"立面：东"，再点击"打开视图"就自动跳转到东立面。又弹出"屋顶参照标高和偏移"对话框，设置屋顶的标高以及偏移量，点击"确定"。

　　运用绘图工具绘制一条曲线（图 8-10），然后点击"✔"，转到三维视图查看，屋面效果如图 8-11 所示。当然也可以根据需要直接在三维视图中拉伸屋顶，选择该屋顶，软件将在屋顶上显示蓝色拖动三角图标，用户可以直接拖动该符号使屋面达到理想的效果。

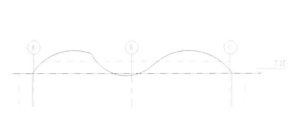

图 8-10　绘制屋顶拉伸曲线

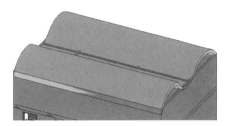

图 8-11　屋面效果

8.3　实例练习：屋顶

　　绘制完成的 Revit 屋顶模型如图 8-12 所示。

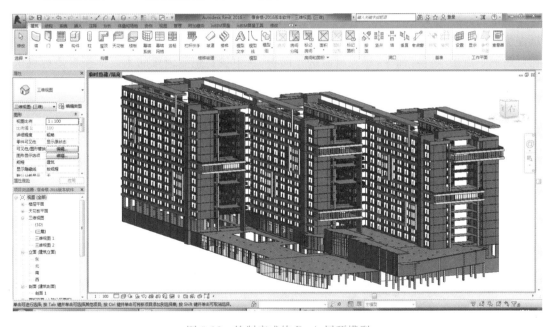

图 8-12　绘制完成的 Revit 屋顶模型

第9章 渲染与漫游

教学提示：在 Revit 中渲染与漫游很简单，但是要达到逼真的效果则需要借助外部渲染器，如 Vary 渲染器。首先对构件材质进行编辑，然后放置相机调节视图，最后渲染视图。漫游就是由一个个帧组成的，每一个帧都是一个相机视图，其实质也是对相机视图的调节。本章主要通过简单的案例项目讲述 Revit 如何进行图像渲染，3ds Max 的导出设置，以及漫游的制作。

教学目标：本章要求学生了解 Revit 的渲染功能，掌握图像渲染以及 3ds Max 的导出设置，并利用设置关键帧来制作漫游动画。

9.1 构件材质设置

在渲染视图之前我们应该对材质进行编辑设置，下面以木质地板的材质为例。

点击"管理"选项卡，在"设置"面板内点击"材质"按钮，进入材质编辑对话框（图 9-1）。从左侧类型选择栏内找到"S 木质地板"并用鼠标左键点击，然后点击右侧"渲染外观"命令，在对话框中点击"替换"命令，进入材质选择面板，从中找到想要创建的木质地板材质后点击"确定"（图 9-2）。

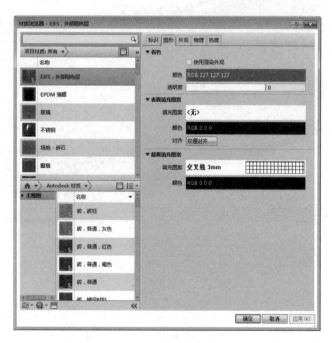

图 9-1 材质编辑对话框

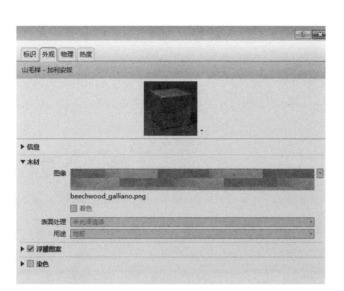

图 9-2　替换木质地板材质渲染外观

点击对话框右侧"图形"命令,勾选"将渲染外观用于着色"(图 9-3),点击"确认",完成对"S 木质地板"的材质设置。

图 9-3　"S 木质地板"的材质设置

按照编辑木质地板的方法依次对项目内其他材质进行编辑。

9.2　布置相机视图

对材质进行设置后我们开始放置相机,创建相机视图。相机视图是为渲染做准备的。

(1)创建水平相机视图。

在平面视图中,点击"视图"—"创建"—"三维视图"—"相机"命令,将鼠标放到视点所在的位置并点击,然后拖动鼠标朝向视野一侧并再次点击,完成相机的放置。放置相机后当前视图会自动切换到相机视图(图 9-4)。

在相机视图中按住键盘上的 Shift 键,并按住鼠标滚轮,这样即可调节视线的高度与角度。

在"项目浏览器"的"三维视图"中找到刚刚添加的相机视图,点击鼠标右键弹出目录,在目录下方用鼠标左键点击"重命名",即可修改新建相机视图的名称。

(2)创建鸟瞰图。

因为我们想要创建二层的鸟瞰图,所以在"标高 2"楼层平面图上通过"相机"命令在合理位置布置一个相机(图 9-5)。

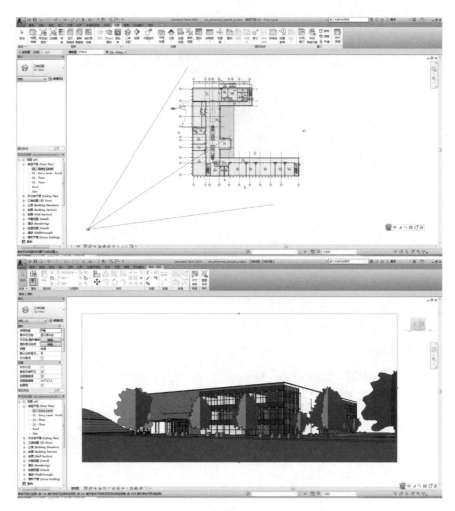

图 9-4　相机视图

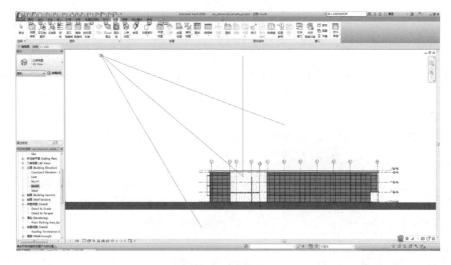

图 9-5　布置相机

　　这时我们创建的是一个普通的水平视图。布置相机后，该水平视图会自动切换到相机视图，用鼠标点击视图边框以选中相机，然后在"项目浏览器"中打开南立面视图，在该视图中我们可以看到刚刚布置的相机，用鼠标左键点击向上拖动相机图标，抬高视点位置，即创建鸟瞰图相机(图 9-6)。

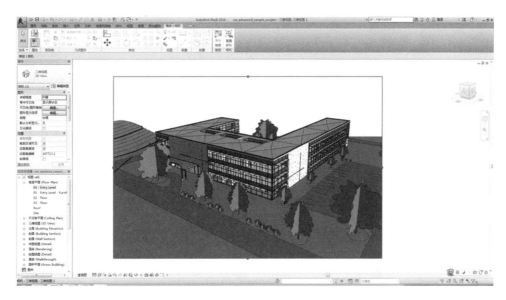

图 9-6　创建鸟瞰图

9.3　渲 染 图 像

　　进入将要渲染的三维视图，点击"视图"—"图形"—"渲染"命令，弹出"渲染"对话框。调节渲染出图的质量，点击对话框"质量"—"设置"选项框后下拉菜单，从中选择渲染的标准(图 9-7)。渲染的质量越好，需要的时间就会越多，所以我们要根据需要设置不同的渲染质量标准。

　　在"渲染"对话框中，"输出设置"栏内可调节渲染图像的"分辨率"；"照明"设置栏内可将"方案"选项栏内设置为"室外：日光和人造光"；"背景"设置栏内可设置视图中天空的样式；"图像"设置栏内可调节曝光和最后渲染图像的保存格式和位置。所有参数设置完成后，点击对话框左上角的"渲染"按钮，进入渲染过程，渲染完成后点击对话框下端"导出"命令，弹出对话框后设置图像的保存格式和存放位置，最后完成图片的渲染。渲染完成后效果图如图 9-8 所示。

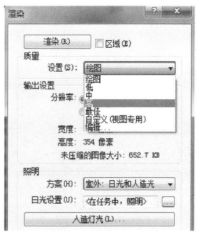

图 9-7　"渲染"对话框

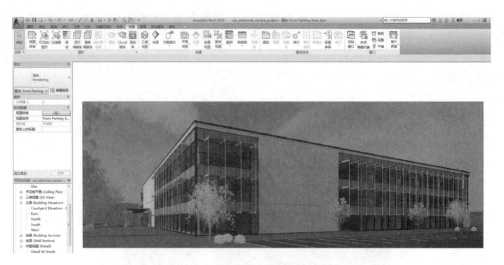

图 9-8 渲染完成后效果图

9.4 使用 3ds Max 渲染的导出设置

点击"应用程序"按钮,在下拉命令栏中点击"导出"选项栏中的"FBX"选项(图 9-9),在弹出的对话框中将文件保存到相应的位置。用 3ds Max 打开刚才保存的"FBX"文件,为模型另行添加材质,进行精细化渲染出图。

图 9-9 导出"FBX"文件

9.5　创建漫游

漫游其实就是在一条漫游路径上，创建很多个活动相机，并将每个相机的视图连续播放。因此，我们先创建一条路径，然后去调节路径上每个相机的视图，Revit 漫游中会自动设置很多关键相机视图即关键帧，我们调节这些关键帧视图即可。

（1）创建漫游路径。

首先进入"标高 2"平面视图，点击"视图"—"创建"—"三维视图"—"漫游"命令，进入漫游路径绘制状态。将鼠标光标放在入口处开始绘制漫游路径，点击鼠标左键即可插入一个关键点。按照入口、前台接待、休息等待区、会议区、VIP 接待区的顺序绘制一条循环路径（图 9-10）。

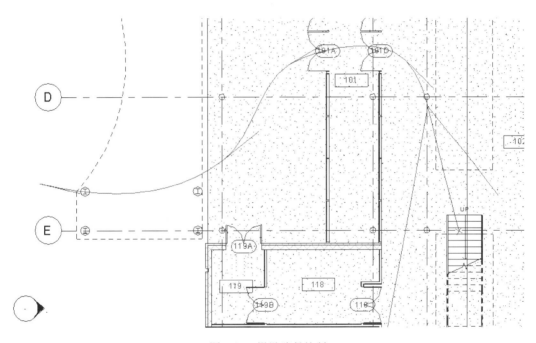

图 9-10　漫游路径绘制

编辑漫游绘制路径后，点击"修改"—"编辑漫游"按钮，进入编辑关键帧视图状态。关键帧视图其实就是一个相机视图，我们用调整相机的方法将视图调整为我们需要的样子。在平面视图中，点击"编辑漫游"—"打开漫游"命令，可进入三维视图调整视角和视图范围。路径编辑完成后进行"编辑漫游"命令时，系统会默认从最后一个关键帧开始编辑。

每调整一个关键帧后都要点击"编辑漫游"—"上一关键帧"按钮，进入下一个关键帧相机视图的调整。编辑所有"关键帧"后打开漫游实例属性对话框，点击对话框中的"漫游帧"命令，打开"漫游帧"对话框（图 9-11），通过调节"总帧数"等数据来调节创建漫游的速度，点击"确定"按钮，退出"漫游帧"对话框。

调整完成后从"项目浏览器"中打开刚刚创建的漫游，用鼠标选定第一张视图的视图框，点击上方"修改"—"编辑漫游"，然后点击"漫游"—"播放"命令，开始漫游的播放（图 9-12）。

图 9-11 "漫游帧"对话框

图 9-12 "漫游"播放

（2）导出漫游动画。

编辑漫游后，点击"启用程序"—"导出"—"图像和动画"—"漫游"选项，即可导出漫游动画（图 9-13）。

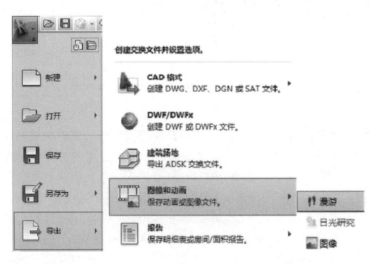

图 9-13 导出漫游动画

通过调节对话框中各项参数可调整漫游的播放速度、图像显示样式、图像尺寸等（图 9-14），还可以控制导出漫游文件的大小，并根据需要调整漫游的清晰程度。

图 9-14 "漫游"数据设置

点击"确定",弹出"导出漫游"对话框,可设置漫游文件的保存位置和导出格式(图 9-15)。点击"保存"会弹出一个"视频压缩"对话框,可选择漫游视频文件压缩的形式(图 9-16)。选择完成后点击"确定",完成漫游动画文件的导出。

图 9-15 "漫游"文件保存路径

图 9-16 "漫游"视频文件压缩的形式

9.6　实例练习:渲染效果

渲染效果如图 9-17 所示。

图 9-17　渲染效果

第 10 章　族

教学提示：Revit 中的所有图元都是基于族的。"族"是 Revit 中一个功能强大的概念，有助于我们更轻松地管理和修改数据。在每个族图元中能够定义多种类型，根据族创建者的设计，每种类型可以具有不同的尺寸、形状、材质设置或其他参数变量。使用 Revit 的一个优点是不必学习复杂的编程语言，便能够创建自己的构件族。使用族编辑器时，整个族创建过程在预定义的样板中执行，可以根据用户的需要在族中加入各种参数，如距离、材质、可见性等；还可以使用族编辑器创建现实生活中的建筑构件和图形/注释构件。本章主要通过简单的案例讲述创建族的方法。

教学目标：本章要求学生了解族的不同类型和功能，掌握创建标准构件族的方法。

10.1　Revit 族类型

（1）系统族：在 Autodesk Revit 中预定义的族，包含基本建筑构件，如墙、窗和门（基本墙系统族包含定义内墙、外墙、基础墙、常规墙和隔断墙样式的墙类型），可以复制和修改现有系统族，也可以通过指定新参数定义新的族类型，但不能创建新系统族。

（2）标准构件族：在默认情况下，可在项目样板中载入标准构件族，但更多标准构件族存储在构件库中。使用族编辑器创建和修改构件，可以复制和修改现有构件族，也可以根据各种族样板创建新的构件族。族样板可以是基于主体的样板，也可以是独立的样板。族样板有助于创建和操作构件族。标准构件族可以位于项目环境外，且具有".rfa"扩展名。可以将它们载入项目，也可以从一个项目传递到另一个项目，还可以根据需要从项目文件保存到库中。

（3）内建族：可以是特定项目中的模型构件，也可以是注释构件。只能在当前项目中创建内建族，因此内建族仅可用于该项目特定的对象，例如自定义墙的处理。创建内建族时，可以选择类别，且使用的类别将决定构件在项目中的外观和显示控制。

10.2　将族添加到项目中

（1）打开或创建一个项目。为将族添加到项目中，可以将其拖曳到文档窗口中，也可以使用"文件"菜单上的"从库中载入"—"载入族"命令将其载入。一旦族载入项目，载入的族会与项目一起保存。所有族将在项目浏览器中各自的构件类别下列出。执行项目时不需要原始族文件。但是，如果修改了原始族，则需要将该族重新载入项目以查看更新后的族。

（2）在"文件"菜单上，点击"从库中载入"—"载入族"。

（3）定位到族库或族的位置。

（4）选择族文件名，然后点击"打开"。

10.3 创建标准构件族的常规步骤

（1）选择适当的族样板。

（2）定义有助于控制对象可见性的族的子类别。

（3）布局有助于绘制构件几何图形的参照平面。

（4）添加尺寸标注以指定参数化构件几何图形。

（5）全部标注尺寸以创建类型或实例参数。

（6）调整新模型以验证构件行为是否正确。

（7）用子类别和实体可见性设置指定二维和三维几何图形的显示特征。

（8）通过指定不同的参数定义族类型的变化。

（9）保存新定义的族，然后将其载入新项目并观察它如何运行。

10.4 参照平面、是参照、定义原点

（1）参照平面：设定参照平面后才可以对族进行尺寸标注或对齐（点选参照平面，再点选属性按钮）。

（2）是参照：指定在族的创建期间绘制的参照平面是否为项目的一个参照。可以对该族进行尺寸标注或对齐该族。几何图形参照可设置为强参照或弱参照：强参照的尺寸标注和捕捉的优先级最高；弱参照的尺寸标注优先级最低。强参照首先预高亮显示，将族放置到项目中并对其进行尺寸标注时，可按 Tab 键选择弱参照。

（3）定义原点：指定正在放置的对象上的光标位置。例如，放置矩形柱时，光标放置于该柱造型的中心线。"定义原点"可以只指定一个参照平面，例如"公制窗.rft"的样板，只要是墙就能插入窗户，不需要定义交点。

第11章 结构专业建模

11.1 基 本 界 面

1. 软件启动

软件启动后,启动界面包括开始菜单、快速访问栏、功能选项卡、项目、族、项目模板和族模板。下面我们打开 Revit,启动软件并认识界面。

(1)双击 ,启动 Revit。Revit 启动界面如图 11-1 所示。

(2)点击结构样板项目,进入建模界面。

【注意】双击模型文件不出现启动界面,直接进入模型编辑模式。

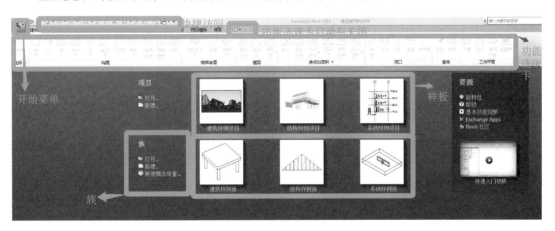

图 11-1 Revit 启动界面

2. 开始菜单

点击 ,见图 11-2、图 11-3。

开始菜单主要用于开始、结束和选项操作。选项为个性化设置,自定义快捷键可以加快命令操作。

(1)快速访问栏。

 :默认三维视图,在操作中可以快速切换。

 :创建剖面,在操作中可以随时切换到剖面进行观察和绘制。

(2)功能选项卡。

 :功能选项卡的隐含和关闭,除非快捷键熟练且对绘图区域要求大,否则不建议关闭功能选项卡。功能选项卡可以随绘图变化而变化,也可以根据菜单变化。

图 11-2　开始菜单

图 11-3　选项

（3）样板区域。

按照作图要求，选择合适样板进行绘图。

（4）族。

族在 Revit 中非常重要，随着 Revit 的应用推广，族库越来越丰富，设计实现共享。

（5）选择过滤器。

选择过滤器按钮 ▽:0 在界面的右下角。由于软件在 3D 界面下操作，选择信息量大，过滤器非常重要，但初学者容易忽视。

【注意】可以对常用的功能设置快捷键，如三维视图可以设置 DD 快捷键，充分应用软件可视化功能；要能够应用功能键隐含功能，防止用户变化带来不便。

3.打开项目后配置界面

打开软件后但没打开项目时，许多功能处于灰色状态（不可用状态）。打开项目后灰色状态消失，同时新增功能按钮以及编辑对话框，见图 11-4～图 11-7。

图 11-4　左下角功能按钮

图 11-5　右下角功能按钮

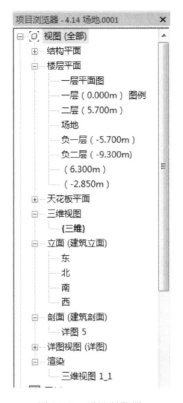

图 11-6　项目浏览器　　　　　　　　　　图 11-7　属性

部分常用功能具体如下。

① 1：100：绘图比例，一般建筑施工图的绘图比例为 1：100。

② ▨：详细程度，详细程度越高，耗用电脑资源越多。一般配置高的电脑建议选择详细程度高的。配置低的电脑在操作过程中可以选择详细程度低的，但在查阅过程中可以适当调整。

③ ▱：视觉样式，"线框"耗用资源最少，光线追踪耗用资源最多。建议配置较为适合的电脑时选择"着色"，查看时选择"真实"。

④ ⚙✕：关闭日光追踪。

⑤ ◷✕：关闭阴影。

⑥ 🫖：显示渲染对话框。

⑦ ▱ ▱：关闭剪裁区域和显示剪裁区域。

⑧ 🔓：解锁三维视图。

⑨ ◡：临时隐含、隔离，主要用于临时隐含、隔离图元和其他。通过临时隐含和隔离，可以方便选择和查阅等操作。通过取消隐含图元，可以审视视图。

⑩ 💡：显示隐含图元。

⑪ ▱：临时视图属性。

⑫ :隐含分析模型。

⑬ :高亮显示。

⑭ :显示约束。

⑮ :工作集。

图 11-8　即时查看

⑯ :设计选择集。

⑰ 项目浏览器:对项目管理非常重要。

⑱ 属性:对当前图元或族进行属性编辑,非常重要。

⑲ 即时查看,见图 11-8。

⑳ 剖面框用于随时查看模型内部状态。

㉑ 常用命令查看见图 11-9,墙命令为 WA,不需要空格键。

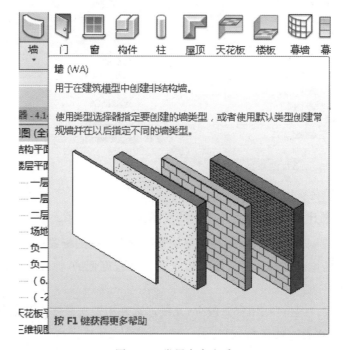

图 11-9　常用命令查看

【注意】熟练掌握隐含功能区的应用,隐含功能区常用快捷键有 HH(隔离图元)、HI(隐含图元)、HR(重设隐含属性);熟练掌握即时查看器,能配合使用 Shift 键和鼠标中键查看图形,同时会利用即时查看器和剖面框查看构件并进行编辑。

11.2　基 本 术 语

1.项目、项目文件

(1)项目是指一系列独特、复杂并相互关联的活动。这些活动有着一个明确的目标或目的,必须在特定的时间、预算、资源限定内,依据规范完成。在 BIM 控制项目中,必须注意

"依据规范完成"。

（2）项目文件是指 Revit 文件，以".rvt"为文件名后缀保存，见图 11-10。

图 11-10　项目文件类型

【注意】后缀名为".rvt"和后缀名为".rte"的文件为样板文件，这两个文件后缀名容易混淆；文件有自动备份功能，备份文件同样在与原文件相同的文件路径下，备份文件名为原文件名加数字。

2.族和族文件

（1）族定义。

族是模型信息构成单元，可对其进行属性分类、编辑、保存及导入。族在 Revit 中的作用主要有：

①设计和艺术共享；

②加快设计速度。

（2）族分类。

①族：系统族是在 Revit 中预定义的族，可以复制和修改现有系统族，也可以通过指定新参数定义新的族类型，但不能创建新系统族。

②标准构件族：在默认情况下，在项目样板中载入标准构件族，但更多标准构件族存储在构件库中。使用族编辑器创建和修改构件，可以复制和修改现有构件族，也可以根据各种

族样板创建新的构件族。族样板可以是基于主体的样板,也可以是独立的样板。族样板有助于创建和操作构件族。标准构件族可以位于项目环境外,且具有".rfa"扩展名。

③内建族:可以是特定项目中的模型构件,也可以是注释构件。只能在当前项目中创建内建族,因此内建族仅可用于该项目特定的对象。创建内建族时,可以选择类别,且使用的类别将决定构件在项目中的外观和显示控制。

【注意】不同族对应不同属性和不同属性面板;创建族要注意采用相应族模板;可以在项目浏览器中点选,右键保存使用过的族。

3.其他一般常用术语

(1)图元。

在 Revit 中可以把图元分为模型图元、基准图元和视图专有图元。

①模型图元:Revit 绘图中三维几何图形是组成模型的基本单元。每个图元有其基本信息和归类,如墙、窗、门和屋顶等。

②基准图元:用于作为参照标准的图元,如标高和参照平面都是基准图元。

③视图专有图元:用于显示模型信息的图元,如尺寸标注、文字注释等。

图元分类关系见图 11-11。

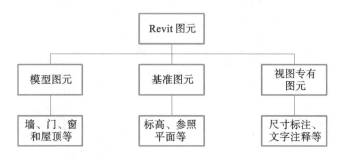

图 11-11　图元分类关系

(2)实例、类型。

①实例:模型可以认为是模型实例设计中的一个图元,也可以作为一个实例。在 Revit 中,实例带有相应的信息,故我们在设计中可以充分利用以往设计者的信息。

②类型:对不同实例,类型控制该实例的类型参数,即选定的图元的参数。

【注意】更改实例参数,仅会改动图元;更改类型参数,将更改相同类型的实例。我们在建模中要留意属性和类型属性的差异。

(3)工作平面。

工作平面是 Revit 中被标识的模型空间中的一个面,其重要功能是可以通过该平面进行建模定位,如图 11-12～图 11-14 所示。

在 Revit 中,工作平面主要用于定位,其主要应用如下:

①为实现对齐、旋转、镜像等操作,可以绘制参照平面(可转工作平面)用于定位;

②内建模、体量、族创建中,常用参照平面(工作平面)绘制轮廓线;

③在族创建中,常用工作平面关联某些图元表面。

【注意】参照平面在建模中可以配合临时尺寸标注进行图元定位。

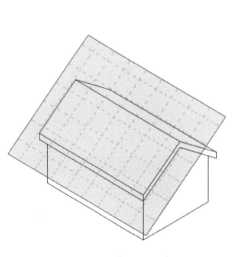

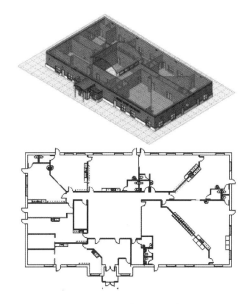

图 11-12　工作平面示意 1

图 11-13　工作平面示意 2

（4）内建模型。

左键点击"构件"按钮，选择"内建模型"，见图 11-15。

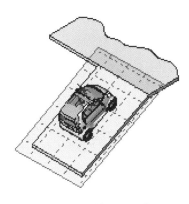

图 11-14　工作平面示意 3

图 11-15　内建模型

【注意】内建模型一般用于绘制形状较为特殊的构件。

11.3　常用命令介绍

（1）剪贴板。

"修改"中的"复制"主要用于当前工作平面，见图 11-16。

"剪贴板"中的"复制"和"对齐粘贴"主要用于不同工作平面，见图 11-17。

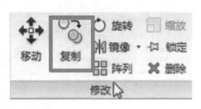
图 11-16　复制命令

图 11-17　剪贴板

（2）捕捉设置。

可以在"设置"中选择"捕捉"，如图 11-18、图 11-19 所示。

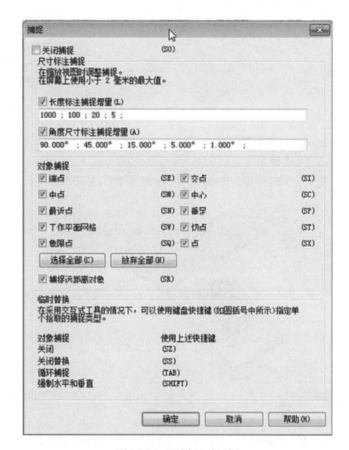

图 11-18　"捕捉"命令

图 11-19　"捕捉"对话框

（3）选择对象。

采用过滤器，Tab 键为循环选择，Ctrl 键为加选，Shift 键为减选。

（4）快捷键定义文件。

可以导出文件 ![KeyboardShortcuts] ，并打开文件进行编辑，见图 11-20。

【注意】快捷命令不能是单字母的；"复制"和粘贴板中的"复制"是不同的。

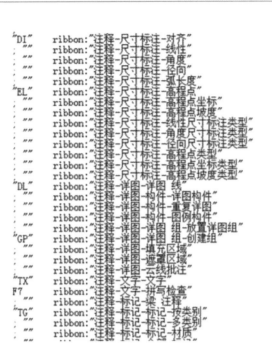

图 11-20　快捷键定义

11.4　标高轴网建立和设置

1.轴网建立

(1)新建 Revit 结构模板文件,项目浏览器中默认有两个标高,见图 11-21。

双击"标高 1"则切换到标高 1 平面上,双击"标高2"则切换到标高 2 平面上;双击"东立面",则切换到东立面,同样适用于其他立面,见图 11-22。

双击"三维视图"切换到三维视图窗口上;"项目浏览器"具有导航功能。

(2)双击"标高 1",见图 11-23。

绘图区域中,上、下、左、右四个点可以通过鼠标拖动,四个点代表立面可视范围。"常用"—"轴网"命令可绘制轴网,轴网快捷命令为 GR。

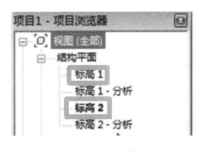

图 11-21　标高

图 11-22　立面

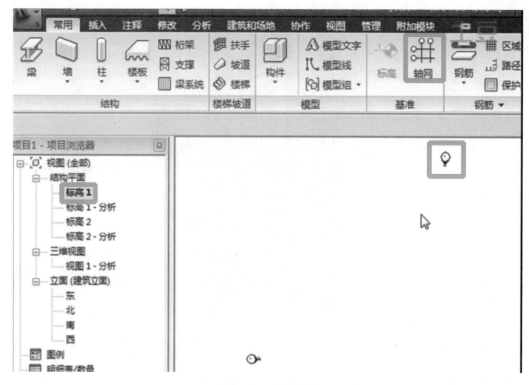

图 11-23 绘图区域

（3）点击"常用"—"轴网"命令，绘制轴网面板出现"放置轴网"选项，放置轴网有绘制轴网和选择已有线两种形式。如果连接到 CAD 模型或 Revit 建筑模型，可以选择已有线，见图 11-24。

（4）选择绘制轴网，点击轴线起点和终点完成单根轴线绘制，见图 11-25。

图 11-24 绘制轴网

图 11-25 单根轴线

绘制第二根轴线时，鼠标移到起点平行位置，可直接输入开间（或进深），然后按 Enter 键，见图 11-26。下拉到和第一根轴线平行位置点击鼠标，见图 11-27。其他轴线用同样方式绘制。当然也可以选择一根轴线，输入 CO 命令，复制轴线并输入绘制距离。

（5）垂直轴网绘制完成后，绘制水平轴网。由于绘制轴网时会默认使用上次绘制轴网的格式，故水平轴网可能出现轴号异常，见图 11-28。可以双击轴号，把轴号改为 A，后面轴线自然出现 B、C 等正确轴号。

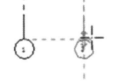

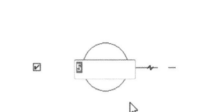

图 11-26　输入开间　　　　图 11-27　第二根轴线　　　　图 11-28　水平轴网

(6)创建模型线,以轴线相交处为圆弧轴线中心点,见图 11-29。同时,注释面板中有详图线,见图 11-30。模型线和详图线的区别在于:模型线在 3D 状态下可视,详图线在 3D 状态下不可视。

图 11-29　模型线　　　　　　　　图 11-30　详图线

(7)绘制圆弧轴线的顺序:定好圆心点、第一点、最后一点,见图 11-31,即 1—2—3。用同样方法可绘制其他圆弧轴线。

(8)在轴号处进行轴网编辑,见图 11-32。

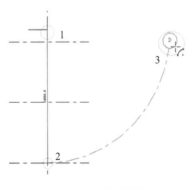

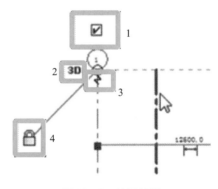

图 11-31　圆弧轴线　　　　　　　图 11-32　轴网编辑

在图 11-32 中,

1——取消勾选则轴号不显示;

2——点击 3D 可将视图转化为 2D,则在其他工作面上不显示轴网;

3——可以移动折线部分,使轴号相互不重叠,更为美观;

4——点击锁则解锁,轴号可以不对齐,解锁后可以单独拖动轴号位置。

如果要批量改轴号属性,则可在"图元属性"中改动,快捷命令为 PR,见图 11-33。

(9)画斜轴线的方法和画其他轴线方法一样,但要注意倾斜角度,见图 11-34。

(10)"注释"面板中可以对轴网进行标注,见图 11-35。

图 11-33　图元属性

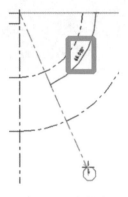
图 11-34　斜轴线

图 11-35　标注

（11）选择面板中的线性标注或者对齐标注（对齐标注快捷命令为 DI）。若选择对齐标注，则选择各条轴线，最后点击空白处，见图 11-36。

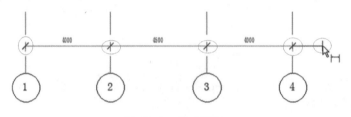
图 11-36　对齐标注

（12）通过剪切板把标注复制到其他楼层（如果其他楼层采用相同的标注形式），见图 11-37。

选择标注（可用 Ctrl 多选，Shift 减选），点击"对齐粘贴"，见图 11-38。

【注意】选择楼层标高，不选择后缀带有"分析"的标高。

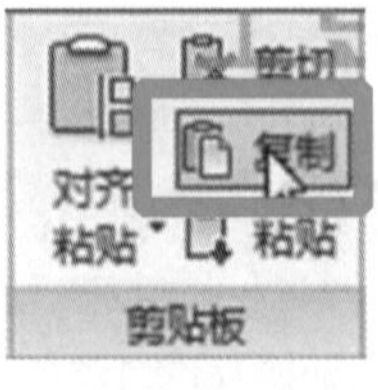

图 11-37　复制

图 11-38　对齐粘贴

【例 11-1】绘制轴线，开间为 3500、3500、3500、1500、3500、1500、3500、3500、3500，进深为 7000、2400、7000。

【步骤和方法】

①在四个立面符号内输入 RP；

②点击绘制开间轴线（竖向），按 Esc 键退出；

③点击轴号值，改为 1；

④框选轴线，输入 CO，并改为 修改 | 轴网　☑约束　☐分开　☑多个 ；

⑤点击选择轴线，平行移动，输入 3500 后回车，重复操作；

⑥按 Esc 键退出，用同样方法绘制进深。

2. 标高增加

（1）从项目浏览器中进入立面图（选择东、北、南、西都可以），见图 11-39。

选择其中一个标高，复制标高，快捷键命令为 CO，输入数值，见图 11-40。

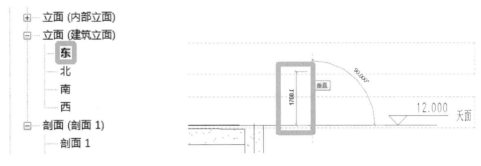

图 11-39　立面图　　　　　　　　　　　　　图 11-40　复制标高

（2）点击"建筑"—"标高"，见图 11-41。

快捷键命令为 LL，先点击第一点，再点击第二点，则可创建标高，见图 11-42。

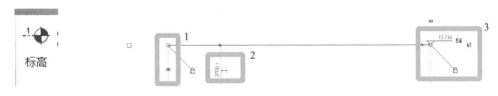

图 11-41　标高　　　　　　　　　　　　　图 11-42　标高设置

在图 11-42 中，

1，3——自动捕捉对齐位置；

2——可以输入数值定位，见图 11-43。

图 11-43　数值定位

在图 11-43 中,

1——显示标高符号;

2——锁定,锁定后拉动是对齐的;

3——活动变化位置,可点击或拖动,见图 11-44;

4——可更改标高名称和标高值。

选择标高,可以更改上标头或下标头,见图 11-45。

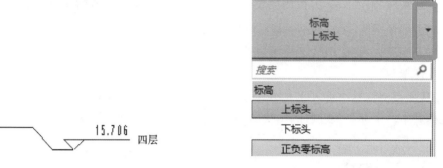

图 11-44　活动变化　　　　　　　　　　图 11-45　更改标头

点击"编辑类型",可以更改参数,见图 11-46。

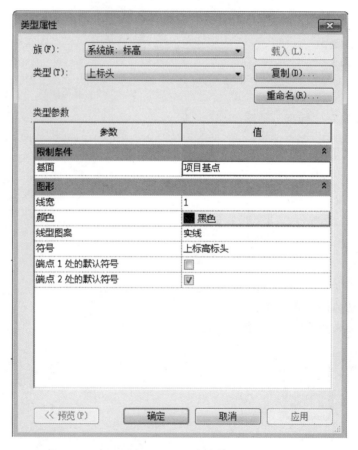

图 11-46　更改参数

由于编辑类型是我们常用的功能之一，故我们可以添加其快捷命令，按"起始"—"选项"—"用户界面"进行操作，见图 11-47。

图 11-47　用户界面

例如更改类型快捷键，注意编辑类型和类型属性是一个意思，软件在翻译过程中不够完善，见图 11-48。

类型属性　　　　　　　　 LX 　　　　　　　创建>属性; 修改>属性

图 11-48　类型

之后，选择对象，直接输入 LX 即可。用此方法也可以使用信息化族，见图 11-49。

通过"复制"—"重命名"—"参数"，可得到标志性强的内建族。

【注意】在类型属性中更改标高，所有同类型标高参数都将更改；复制标高不能创建楼层平面；在立面中查看标高和轴网要相交。

【例 11-2】绘制标高，分别为 ±0.000、−0.450、4.000、8.000、12.000、16.000、20.000。

【步骤和方法】

①点击"项目浏览器"—"立面图"，如东立面图；

②选择已有标高；

③输入 CO，设置 修改 | 标高 　☑约束 □分开 ☑多个；

④点击拖动，输入 4000；

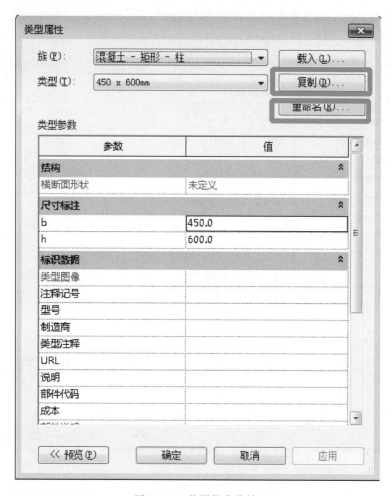

图 11-49　使用信息化族

⑤用同样方法将所有标高设置完成；

⑥点击标高名称，更改标高；

⑦点击"视图"—"平面视图"—"结构平面"；

⑧选择要求楼层平面，点击确定；

⑨选择标高，点击 编辑类型 ，更改为"主要表头类型属性"；

⑩选择±0.000 标高，点击属性面板 立面 建筑立面 三角符号并进行更改。

11.5　结构柱和墙创建

1.结构柱和墙创建

（1）切换到标高 1，点击常用柱子（结构柱），见图 11-50。选择柱尺寸及参数，见图 11-51。设置柱，见图 11-52（高度指柱子在工作面上往上延伸；深度指柱子在工作面上往下延伸；未连接可以选择标高，选择标高 2 则表示柱子高由标高 1 到标高 2，如果柱顶不在标高 2 上可选择未连接并直接输入数值),在轴线上直接点取交点,见图 11-53(如果是一次性点击轴网上的柱子可用"在轴网上"按钮,见图 11-54,要多选轴网且轴网相交)。

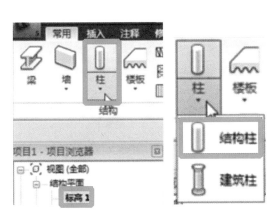

图 11-50　结构柱

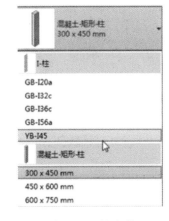

图 11-51　柱参数

图 11-52　设置柱

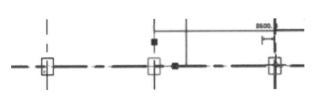

图 11-53　点取交点

图 11-54　在轴网上

【注意】如果柱类型在默认中没有,可点击图元属性中的"类型属性",见图 11-55。找一个大概类型,复制并改名称,根据要求改尺寸,见图 11-56。

(2)如果柱设置在斜轴线上,可按空格键进行柱的旋转定位,见图 11-57。

(3)绘制完柱后可以切换到三维视图或立面视图进行检查分析,见图 11-58。

(4)可以通过剪切板复制和对齐粘贴,复制上层柱。可以框选柱区域,然后通过过滤器把柱选中,见图 11-59。

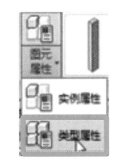

图 11-55　类型属性

(5)墙创建点击"墙:结构",见图 11-60。选择墙位置依次点击,见图 11-61。

【注意】内外符号见图 11-62;墙可以通过族选择或通过类型属性编辑,见图 11-63。墙类型属性编辑见图 11-64;编辑部件见图 11-65;结构墙和建筑墙不同,结构墙加入了力学计算,故体现混凝土部分厚度即可。

图 11-56 修改参数

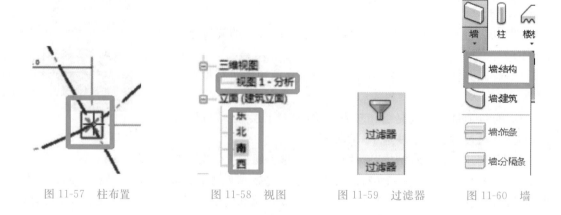

图 11-57 柱布置　　　　图 11-58 视图　　　　图 11-59 过滤器　　　　图 11-60 墙

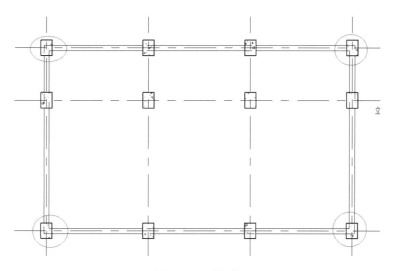

图 11-61　墙操作

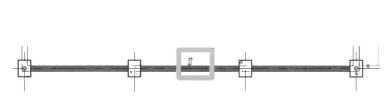

图 11-62　墙编辑

图 11-63　墙属性

图 11-64　墙类型属性编辑

图 11-65　编辑部件

2.柱配筋

(1)"视图"—"立面"—"框架立面",创造立面便于绘制钢筋,见图 11-66。

(2)绘制完后双击立面图标(图 11-67),则转到立面视图。

(3)输入 WT,把多余视图关掉(注意不能关闭所有视图,否则将退出软件),再输入 WT(平铺窗口)。选择要操作的柱,见图 11-68。只要屏幕够大,平铺窗口对局部操作非常友好。

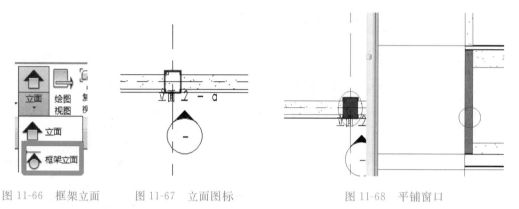

图 11-66　框架立面　　　图 11-67　立面图标　　　　图 11-68　平铺窗口

(4)点击"结构"—"钢筋",见图 11-69。

(5)弹出"钢筋形状浏览器",选择适合的钢筋形状,见图 11-70。

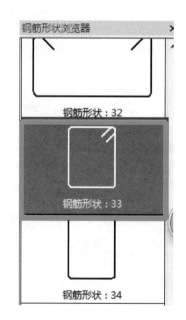

图 11-69　钢筋　　　　　　　　　　　　　图 11-70　钢筋选择

(6)选择钢筋布置方式,见图 11-71。

【注意】"近保护层参照"一般指底板钢筋,"远保护层参照"一般指板面筋。箍筋一般用布局中最大间距。

图 11-71 选择钢筋布置方式

（7）点击柱，布置好箍筋，见图 11-72。

（8）输入 RP，在适当位置建立参照平面，见图 11-73。

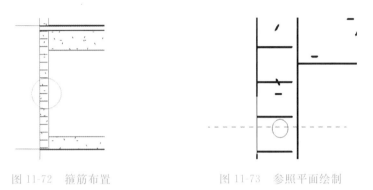

图 11-72 箍筋布置   图 11-73 参照平面绘制

（9）拖动钢筋至参照平面，见图 11-74。

（10）用同样方式创建加密部分的箍筋，见图 11-75。

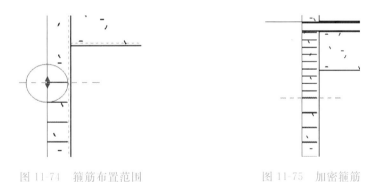

图 11-74 箍筋布置范围   图 11-75 加密箍筋

（11）钢筋属性可以在族中编辑，见图 11-76。

（12）钢筋保护层可以在族属性中设置，见图 11-77。

（13）纵筋布置，打开视图，一个框架立面，一个平面图，见图 11-78；点击"钢筋"，见图 11-79。

（14）选择钢筋形状，见图 11-80。

（15）选择钢筋布置参数，见图 11-81。

（16）通过复制命令把另外两条纵筋配齐。

（17）输入 TG 标记钢筋，见图 11-82。

图 11-76　钢筋属性

图 11-77　保护层设置

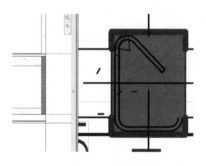

图 11-78　视图

图 11-79　钢筋布置

图 11-80　钢筋形状

图 11-81　选择钢筋布置参数

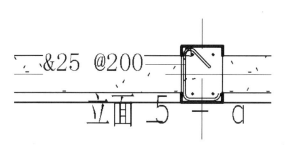

图 11-82　钢筋标记

11.6　独 立 基 础

1.创建基础模型

(1)点击"结构"—"基础"—"独立",见图 11-83。

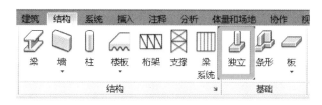

图 11-83　独立基础

(2)点击平面图定位点,见图 11-84。

在图 11-84 中,

1——定位点;

2——可以通过数值更改定位。

【注意】下拉选择族类型,见图 11-85。

如果没有相应族类型,可以载入族,见图 11-86。

同样也可以通过"从库中载入"—"载入族",见图 1-87。

(3)插入带桩承台可以通过载入族或者点击项目浏览器载入族来实现,见图 11-88、图 11-89:插入后见图 11-90。

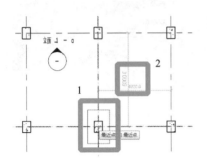

图 11-84　基础定位示意

图 11-85　下拉选择族类型

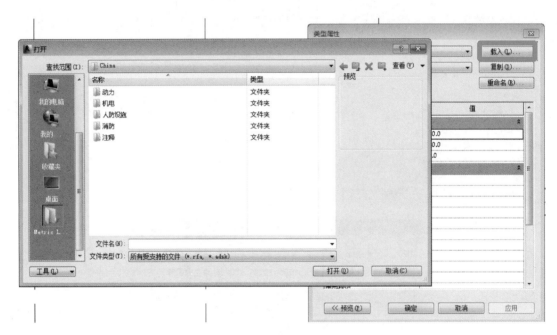

图 11-86　载入族 1

图 11-87　载入族 2

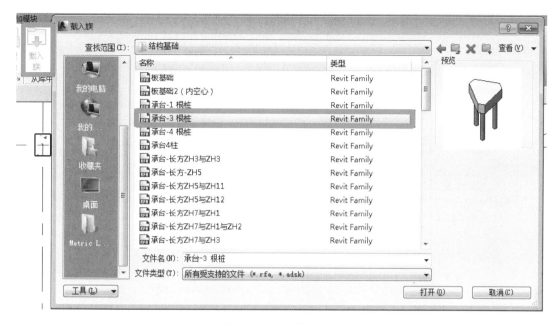

图 11-88 插入带桩承台

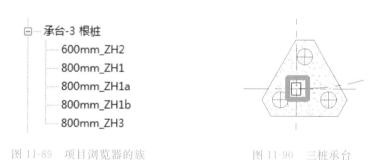

图 11-89 项目浏览器的族   图 11-90 三桩承台

一般柱位在承台形心,可以模型线作为辅助线(LI),用移动(MV)命令进行移动,见图 11-91。也可转到三维视图查看,见图 11-92。

图 11-91 移动柱位   图 11-92 三维承台

【注意】设置视图范围,否则承台可能在平面视图不可见,见图 11-93;如果不设置视图范围,可以增加标高,见图 11-94。

图 11-93　视图范围

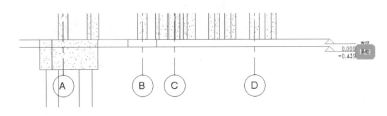

图 11-94　标高

2.插入条形基础

(1)点击"结构"—"基础"—"条形",见图 11-95。

(2)选择墙,根据族自动生成条形基础,见图 11-96。如果没有墙,则无法生成条形基础。

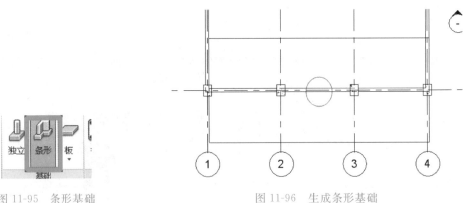

图 11-95　条形基础　　　　　　　　图 11-96　生成条形基础

【注意】条形基础上必须有结构墙。

3.筏板基础

(1)点击"结构"—"基础"—"板",见图 11-97。

(2)通过绘制封闭区域生成楼板,见图 11-98。

图 11-97　基础板

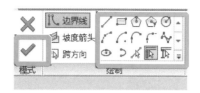

图 11-98　基础板生成

【注意】绘制完封闭区域后一定要点"",基础底板生成见图 11-99。基础底板位于柱底,因而与楼面板有所不同。

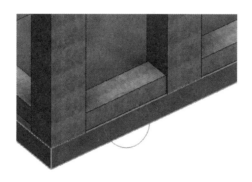

图 11-99　基础底板生成

4.基础配筋

(1)建剖面,见图 11-100。

(2)剖面中选择基础,点击钢筋,选择合理参数配置钢筋,见图 11-101。

图 11-100　建剖面

图 11-101　基础配筋

(3)用同样方式配置其他钢筋。

【例 11-3】创建矩形一阶独立基础族。

【步骤和方法】

①新建族(图 11-102)。

②选择样板文件(图 11-103)。

③输入 RP,绘制 4 个参照平面(图 11-104)。

图 11-102 新建族

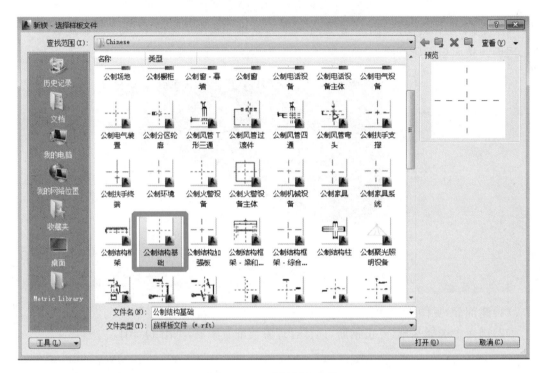

图 11-103 选择样板文件

图 11-104 参照平面

④点击"创建"—"拉伸"。

⑤创建拉伸体。

⑥标注并点击 EQ(图 11-105)。

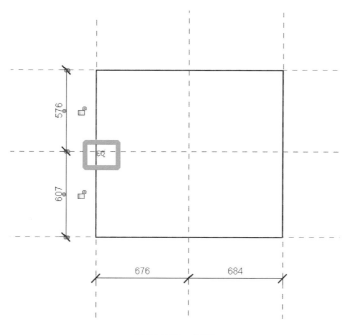

图 11-105　标注

⑦临时尺寸修改(图 11-106)。

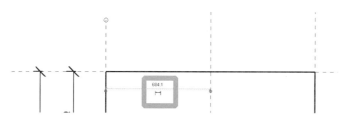

图 11-106　临时尺寸修改

⑧拉动控件,移到参照平面,点击锁定(图 11-107)。

⑨选择标注,添加标签(图 11-108)。

⑩进入立面图,添加高度标签(图 11-109)。

⑪保存。

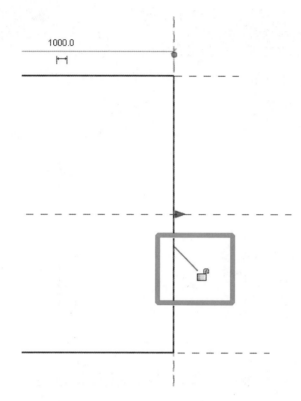

图 11-107　锁定

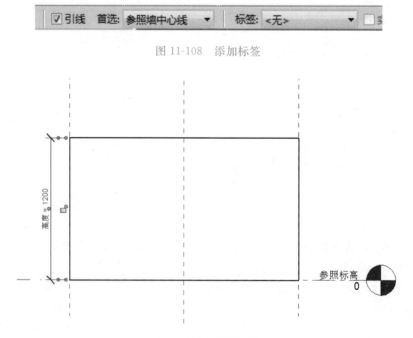

图 11-108　添加标签

图 11-109　高度标签

11.7　梁　的　绘　制

可将附带的 CAD 图纸链接放入 Revit 项目中作为参照。需要注意的是，CAD 文件的轴线要和轴网对齐（该步骤在创建柱的过程中已完成）。

1. 新建梁类型

(1) 进入所要绘制的梁所在的平面视图，即"结构"—"梁"，并在"修改|放置 梁"中默认用直线绘制，如图 11-110 所示。

图 11-110　梁绘制命令

(2) 在属性栏中选择需要的梁的截面形式，以混凝土矩形梁为例：选择"混凝土-矩形梁"，进入"编辑类型"，如图 11-111 所示；弹出"类型属性"对话框，如图 11-112 所示；点击"复制"，修改梁的名称，如图 11-113 所示；修改"类型属性"中的"尺寸标注"及"类型注释"，点击"确定"，完成相关参数的修改，如图 11-114 所示，完成该类型梁的创建。

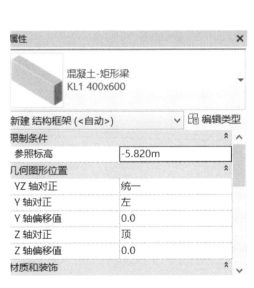

图 11-111　编辑梁类型　　　　　　图 11-112　"类型属性"对话框

2. 绘制梁构件

绘制的时候，可以以链接进来的 CAD 结构图为参照进行绘制，也可以直接绘制。

图 11-113　修改梁的名称

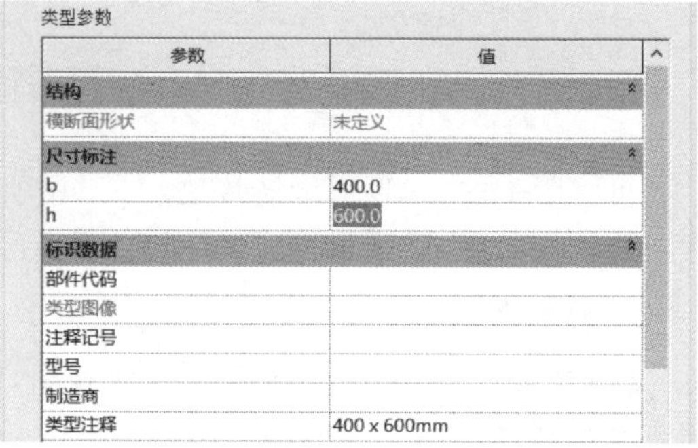

图 11-114　参数修改

（1）选择需要绘制的梁的类型。

（2）在属性栏输入梁所处的平面（即梁的标高），选择梁的结构用途（图 11-115），在绘图区域用光标绘制梁（点击梁的起点和终点）。

【注意】绘图时，光标会自动捕捉结构构件，如结构柱、结构墙等。

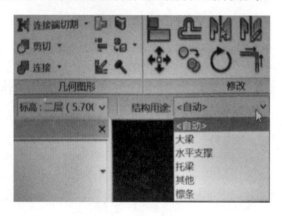

图 11-115　梁选项栏设置

（3）完成梁的绘制之后，转到三维视图，观察效果如图 11-116 所示。

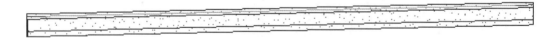

图 11-116　三维的梁构件

（4）通过调整视图控制栏中的"详细程度"和"视觉样式"（图 11-117）呈现真实状态的梁构件，如图 11-118 所示。

图 11-117　视图控制栏

（5）需要对梁进行编号和尺寸标注时，在功能区选择"注释"—"全部标记"，弹出对话框，如图 11-119 所示，在"结构框架标记"中利用下拉菜单选择"M_结构框架标记：标准"即可。

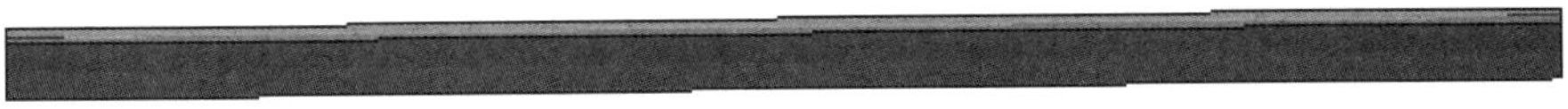

图 11-118　真实状态的梁构件

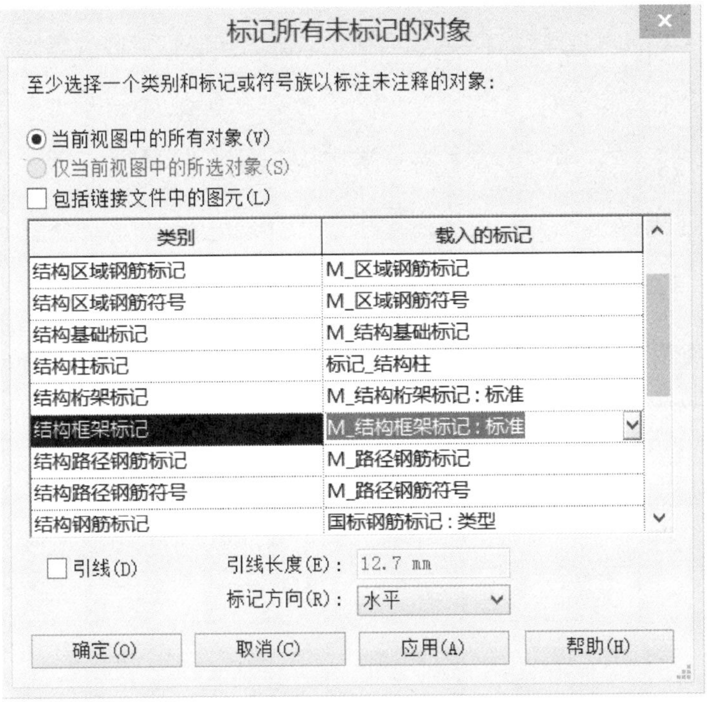

标记所有未标记的对象

至少选择一个类别和标记或符号族以标注未注释的对象：

- ● 当前视图中的所有对象(V)
- ○ 仅当前视图中的所选对象(S)
- ☐ 包括链接文件中的图元(L)

类别	载入的标记
结构区域钢筋标记	M_区域钢筋标记
结构区域钢筋符号	M_区域钢筋符号
结构基础标记	M_结构基础标记
结构柱标记	标记_结构柱
结构桁架标记	M_结构桁架标记：标准
结构框架标记	M_结构框架标记：标准
结构路径钢筋标记	M_路径钢筋标记
结构路径钢筋符号	M_路径钢筋符号
结构钢筋标记	国标钢筋标记：类型

☐ 引线(D)　　引线长度(E)：12.7 mm

标记方向(R)：水平

确定(O)　取消(C)　应用(A)　帮助(H)

图 11-119　标记对象

11.8　结构楼板的绘制

结构楼板与建筑楼板的创建方法一样。二者的区别在于，结构楼板具有结构属性。

（1）创建结构楼板类型。

点击"结构"—"楼板"—"楼板：结构"，具体操作见图 11-120 和图 11-121。

图 11-120　板绘制命令

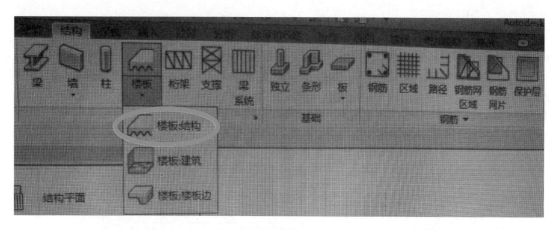

图 11-121　选择结构楼板

通过"编辑类型"创建新的结构楼板，见图 11-122。复制一个结构楼板，在"参数"下的"结构"中，对复制过来的楼板进行"编辑"，见图 11-123。

图 11-122　编辑楼板类型

图 11-123　新建楼板类型

结构楼板仅设置结构层,所以核心边界包络层的厚度均选择为 0.0,按照需要调整结构层的厚度,具体如图 11-124 所示。

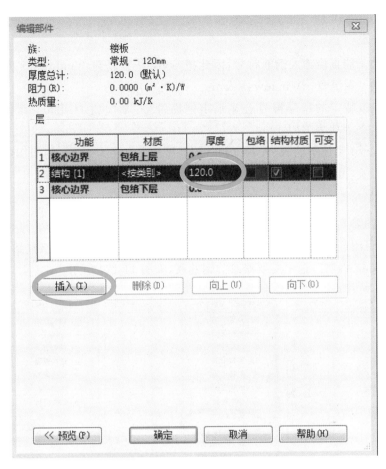

图 11-124 结构楼板层设置

【注意】在设置结构楼板层的时候,可以依据实际情况"插入"多个结构层。

(2)绘制楼板。

利用命令进行楼板的绘制。结束绘制之后,点击功能区的绿色的对号即可,如图 11-125 所示。

图 11-125 楼板绘制命令

完成楼板的创建后,转到三维视图进行观察。

11.9　结构钢筋的绘制

1. 钢筋符号

Revit 目前不能直接输入钢筋符号,因此把 revit. ff 复制到 Windows 字库目录中,路径如下:我的电脑—系统盘—Windows—fonts。

输入时,输入特定的特殊符号会显示出钢筋符号:$ 代表 HPB300;% 代表 HRB335;& 代表 HRB400;♯ 代表 RRB400。

例如,在 Revit 字体下输入"%8@150",则会显示出直径为 8 mm 的 HRB335 级钢筋,间距为 150 mm。

2. 添加钢筋属性

为适应绘图需要,修改钢筋族时,选中所修改的族,并进行如下操作。

(1)在"项目浏览器"中找到"族",如图 11-126 所示。双击进入,找到"结构钢筋",点击"结构钢筋",双击"钢筋",选中所要修改的钢筋族,如图 11-127 所示。

图 11-126　进入钢筋族　　　　　图 11-127　进入钢筋类型属性修改

(2)双击要修改的钢筋族,弹出"类型属性"对话框,从"类型属性"对话框中对钢筋的各项参数进行修改,具体如图 11-128 所示。

【注意】在修改材质的时候,可以通过点击材质后的按钮(图 11-129),进入材质浏览器,对钢筋的标识、图形、外观及物理属性进行调整和修改,具体见图 11-130~图 11-133。

3. 结构钢筋的绘制

下面以梁配筋为例进行结构钢筋的绘制。

(1)创建配筋视图。

点击"视图"—"立面"—"框架立面",添加框架立面视图,如图 11-134 和图 11-135 所示。

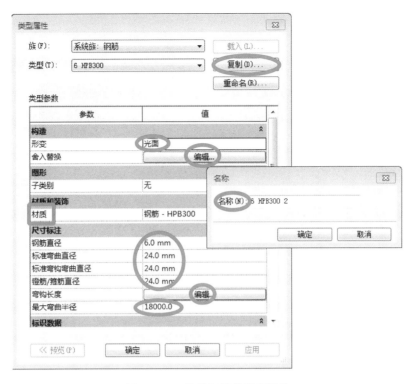

图 11-128　结构钢筋族类型属性

图 11-129　进入材质浏览器

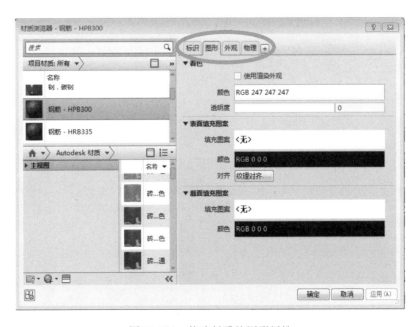

图 11-130　修改材质族图形属性

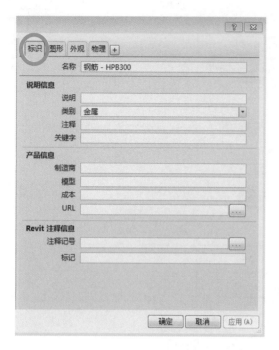

图 11-131 修改材质族标识属性

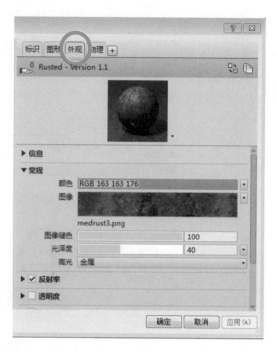

图 11-132 修改材质族外观属性

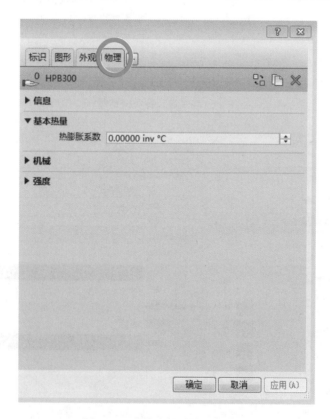

图 11-133 修改材质族物理属性

图 11-134　立面视图命令

图 11-135　进入框架立面视图

将光标移动到将要配筋的梁上,出现立面符号,选择合适的位置,点击安放框架立面,具体操作如图 11-136 所示。

利用鼠标右键,进入立面视图(图 11-137)。

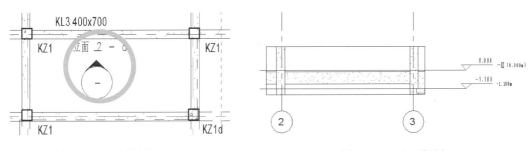

图 11-136　安放框架立面　　　　　　　　图 11-137　立面视图

【注意】在视图不清晰的情况下,可以将视图比例调至 1∶50,视图的详细程度改为"精细",以便于突出钢筋。

(2)创建箍筋。

一般情况下,先配置箍筋,然后再配置纵向钢筋,目的是方便确定纵向钢筋的位置。

若要在图 11-138 所示梁中配置箍筋,要求配置四肢箍,加密区为 $\phi 8@100$,非加密区为 $\phi 8@150$,加密范围为 1200 mm。

①绘制两个参照平面,距离柱的内边缘分别为 1200 mm 并标注,以确定箍筋加密区的位置。

②配置箍筋。点击"结构"—"钢筋"(图 11-139),在"钢筋形状浏览器"中选择钢筋的形

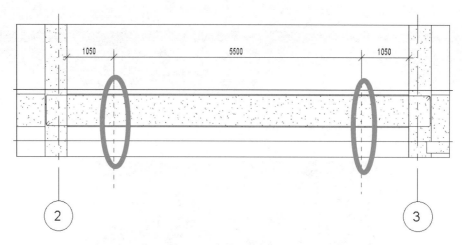

图 11-138　箍筋加密区位置的确定

图 11-139　进入钢筋形状浏览器

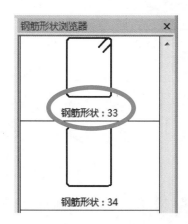

图 11-140　选择箍筋形式

状（因为绘制的是箍筋，所以选择 33 号形状），然后选择所要放置的钢筋类型，如图 11-140 所示，并在立面图中放置箍筋。

因为是箍筋，所以要选择钢筋的放置方向。点击"修改|放置钢筋"—"垂直于保护层"放置，布局改为最大间距（100 mm），具体操作如图 11-141 所示。

放置箍筋，得到图 11-142。

【注意】在加密区与非加密区绘制参照平面，以便于箍筋的定位。

选择箍筋，使之出现操纵柄，用鼠标将其拉至加密区，如图 11-143 所示。

图 11-141　选择钢筋放置方向

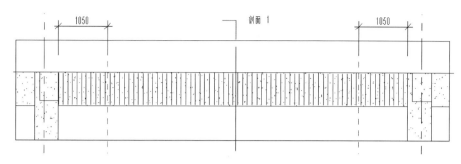

图 11-142　放置箍筋

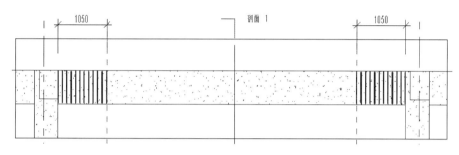

图 11-143　放置加密区箍筋

用同样的方法绘制非加密区的箍筋(注意箍筋间距是不一样的),绘制好的箍筋如图 11-144 所示。

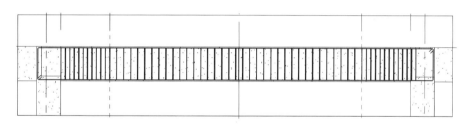

图 11-144　放置非加密区箍筋

(3)配置四肢箍。

Revit 默认的箍筋没有四肢箍,需要复制双肢箍,以便组成四肢箍。

在梁上有箍筋的位置创建剖面视图,可利用鼠标右键转到剖面视图。

调整箍筋的形状,并通过"复制"命令复制一个新的箍筋,调整放置位置,使之成为四肢箍,具体如图 11-145 所示。

(4)创建纵筋。

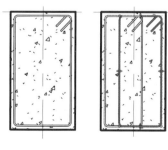

图 11-145　复制箍筋成四肢箍

【例 11-4】绘制一根配筋要求如下的梁。

顶部:2 根 HRB400 直径为 20 mm 的通长钢筋,2 根 HRB400 直径为 12 mm 的架立筋。

侧面:4 根 HRB335 直径为 10 mm 的构造钢筋。

底部:8 根 HRB400 直径为 20 mm 的通长钢筋,下排 6 根,上排 2 根。

【步骤和方法】

以绘制两顶部 2 根 HRB400 直径为 20 mm 的通长钢筋为例,在绘制好箍筋的基础上进行纵筋的绘制。

①进入剖面视图。

通过剖面 1,利用鼠标右键进入剖面视图(图 11-146),在剖面图上绘制纵向钢筋,未放置纵向钢筋的梁构件截面如图 11-147 所示。

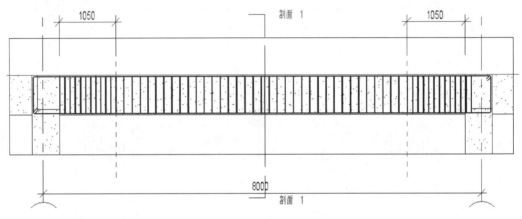

图 11-146　用剖面 1 转换视图

②放置纵向钢筋。

点击"结构"—"钢筋"—"钢筋形状浏览器",选择钢筋形状,并在属性栏选择钢筋种类及直径(20 HRB400),在垂直于保护层厚度的方向绘制钢筋(图 11-148、图 11-149)。

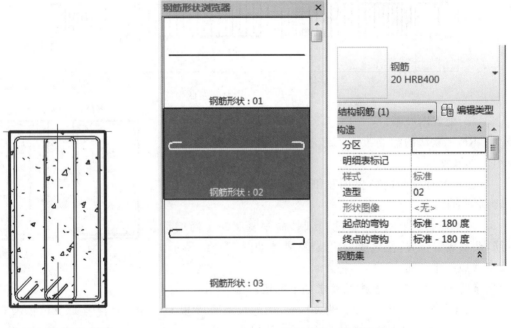

图 11-147　构件截面　　　　　　　　图 11-148　选择纵筋

放置好的纵向钢筋如图 11-150 所示。

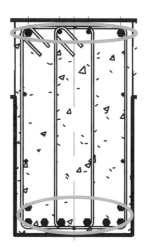

图 11-149　放置纵筋命令　　　　　　图 11-150　放置好的纵向钢筋

【注意】Revit 中纵向钢筋长度默认的是梁的长度,因此需要用户自行调整。

4. 钢筋标注

(1)箍筋的标注:点击"注释"—"按类别标记"—"类型和间距",点击箍筋进行标注。

(2)纵向钢筋的标注:若有多根钢筋直径相同,可选择"多钢筋"标记功能。点击"注释"—"多钢筋"—"线性多钢筋注释",在属性栏中点击"编辑类型"—"类型属性"—"标记族"—"国际钢筋标记",点击单根钢筋进行标注。

11.10　统计明细表

明细表创建的方式基本一样,现以结构柱为例进行明细表的创建。

点击"视图"—"明细表"—"明细表/数量"—"新建明细表",在"类别"中,选择"结构柱"来创建新的明细表,具体如图 11-151 和图 11-152 所示。

图 11-151　创建明细表命令

"明细表属性"在"可用的字段"中进行选择,"添加"明细表字段,具体见图 11-153。"明细表字段"中内容的排列顺序可以通过"上移""下移"来进行调整,也可以进行删除,具体如图 11-154 所示。需要计算总体积的,在"格式"—"体积"中勾选"计算总数",如图 11-155 所示。

图 11-152　创建明细表

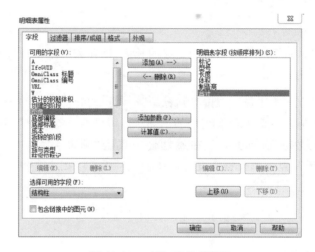

图 11-153　添加明细表字段

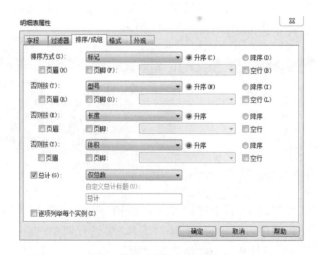

图 11-154　明细表内容排序

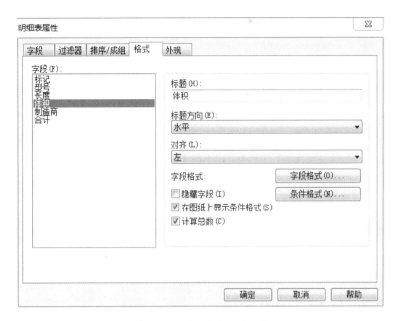

图 11-155　明细表计算内容

需要修改长度的单位以及小数点后保留位数的,在"格式"—"长度"—"字段格式"—"格式"中,去除"使用项目设置"的勾选并调整单位,确定小数点后保留位数以及单位符号(图 11-156)。

完成设置后,即可创建"结构柱明细表",具体见图 11-157。

<结构柱明细表>				
A	B	C	D	E
标记	类型	体积	底部标高	合计
KZ5	500x500	0.45 m³	-5.820m	1
KZ5	500x500	0.45 m³	-5.820m	1
KZ5	500x500	0.45 m³	-5.820m	1
KZ5b	500x500	1.21 m³	-5.820m	1
KZ2	500x500	1.12 m³	-5.820m	1
KZ2	500x500	1.12 m³	-5.820m	1
KZ2	500x500	1.12 m³	-5.820m	1
KZ2	500x500	1.12 m³	-5.820m	1
KZ2	500x500	1.12 m³	-5.820m	1
KZ2	500x500	1.12 m³	-5.820m	1
KZ1	500x500	1.44 m³	一层（0.000m	1
KZ1a	500x500	3.87 m³	负二层（-9.30	1
KZ1a	500x500	3.77 m³	负二层（-9.30	1
KZ5a	500x500	2.88 m³	-5.820m	1
KZ5c	500x500	3.16 m³	负二层（-9.30	1

图 11-156　明细表数字格式调整　　　　　　　　图 11-157　结构柱明细表

第12章 管道模型

12.1 设置管道显示属性

1.新建管道系统

给排水专业中有较多系统分类,主要有给水系统、热水系统、污水系统、废水系统、雨水系统、中水系统以及消防水系统。本节以热水系统为例。

(1)在"项目浏览器"中,选择"族"—"管道系统"。

(2)右击"循环回水",基于"循环回水"系统,复制并重命名为"热回水",如图12-1所示。

【注意】在复制新建系统时,应按照管道的功能选择相对应的系统进行复制。

图12-1 管道系统族

2.设置过滤器

在给排水专业中,管线比较复杂,通常采用不同颜色加以区分。本节通过过滤器的方式来设置管道系统的颜色。

(1)打开过滤器对话框,在选项栏中,点击"视图"—"过滤器",如图 12-2 所示。

图 12-2　过滤器选项

(2)新建过滤器。在"过滤器"对话框中,点击"新建",修改过滤器的名称,并选择"定义条件",点击"确定"完成,如图 12-3 所示。

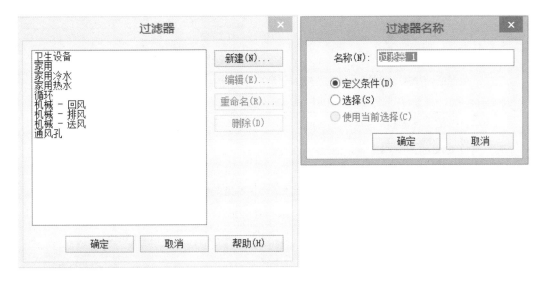

图 12-3　新建过滤器

(3)定义条件。具体按图 12-4 所示要求设置。

【注意】只有在"族"—"管道系统"新建了所需的管道系统,才能在过滤条件中显示该管道系统。

(4)添加过滤器。在选项栏中,点击"视图"—"可见性/图形"—"过滤器"—"添加",选择新建的过滤器,点击"确定"完成,如图 12-5 所示。

(5)修改颜色显示。添加后,在"投影/表面"—"填充图案"中,修改填充样式图形,选择所需颜色,将填充图案修改为"实体填充",点击"确定"完成,如图 12-6 所示。

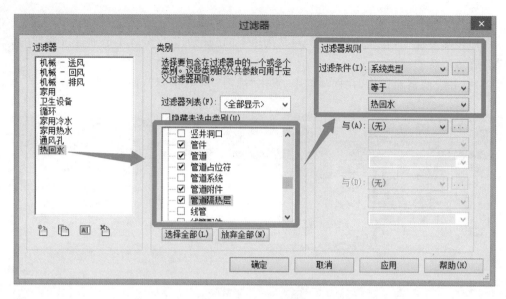

图 12-4　过滤器设置

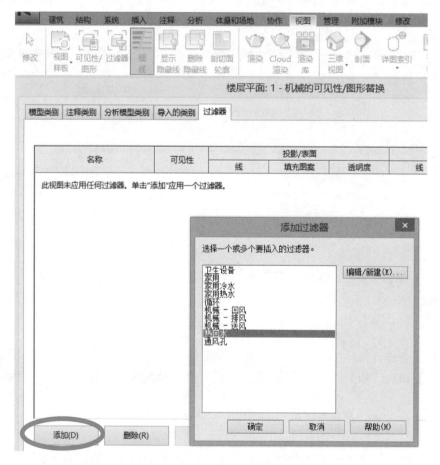

图 12-5　添加过滤器

图 12-6　修改颜色显示

【注意】过滤器是基于视图的设置，为了方便模型显示，要在其他视图中应用该过滤器，可使用"视图样板"的功能，将过滤器传递到其他视图。

（6）在选项栏中，点击"视图"—"视图样板"，在下拉菜单中，选择命令"从当前视图创建样板"，如图 12-7 所示。

图 12-7　创建视图样板

（7）在"视图样板"对话框中，"视图属性"仅勾选"V/G 替换过滤器"，点击"确定"完成，如图 12-8 所示。

（8）在其他视图中应用该视图样板。点击"视图"—"视图样板"，在下拉菜单中，选择命令"将样板属性应用于当前视图"。在"应用视图样板"对话框中，"视图属性"—仅勾选"V/G 替换过滤器"，点击"确定"完成，如图 12-9 所示。

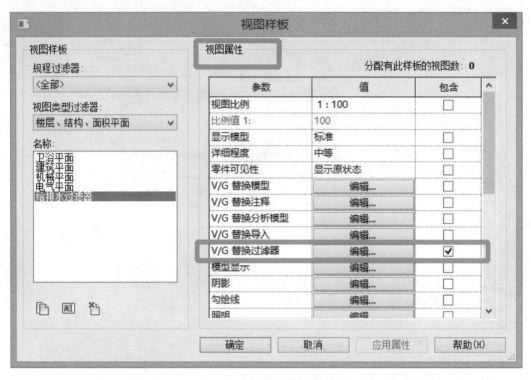

图 12-8　完成新建视图样板

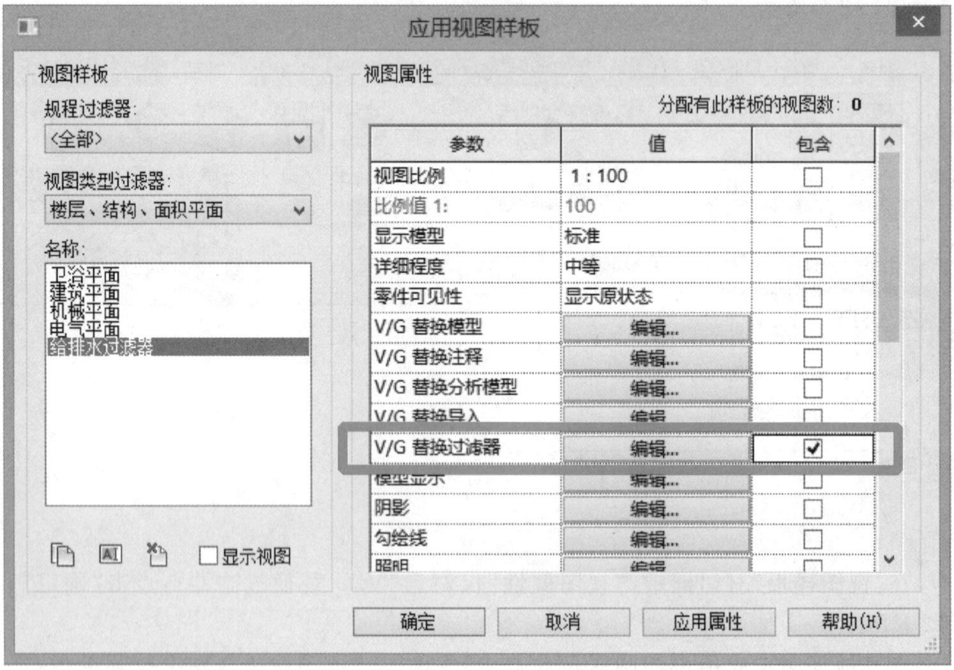

图 12-9　应用视图样板

【例 12-1】按图 12-10 所示要求创建以下管段。

图 12-10　管段要求

【步骤和方法】

①新建管道系统。在"项目浏览器"—"族"—"管道系统"中,基于"卫生设备"复制出新的管道系统,并分别重命名为"废水管""污水管""雨水管";基于"其他"复制出新的管道系统,并重命名为"通气管";基于"循环供水"复制出新的管道系统,并重命名为"给水管";基于"湿式消防系统"复制出新的管道系统,并分别重命名为"自动喷淋""消火栓"。

②新建过滤器,命名为"给水管",设置选项见图 12-4,选择"系统类型""等于""给水"。重复操作,创建其他管道过滤器。

③在"视图可见性"中选择"过滤器",添加所需过滤器,并为相应管道的过滤器替换填充图案。

④在视图中绘制相应管道,并在其属性栏中将系统类型选择到相应管道系统。

12.2　绘制管道模型

1.新建管道类型

由于给排水专业各管道用途不同,所需的管道特性和材质也不同,这就需要新建不同类型的管道。本节以"给水管"为例,新建管道类型。

(1)新建管道。在选项栏中,点击"系统"—"管道",如图 12-11 所示。

图 12-11　管道选项

(2)在属性栏中,基于"标准"管道类型新建所需管道类型。点击"编辑类型",在"类型属性"对话框中,复制并修改名称为"给水管",点击"确定"完成,如图 12-12 所示。

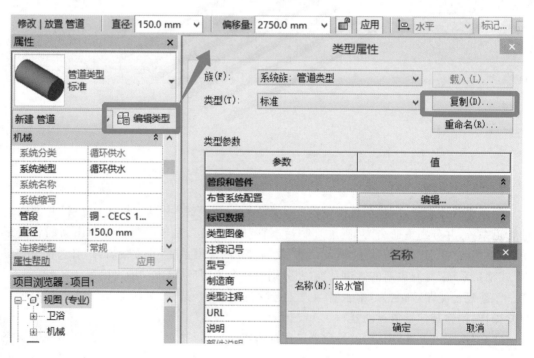

图 12-12　新建管道类型

(3)新建管段和尺寸。通常给水管道的材质使用衬塑镀锌钢。在"类型属性"对话框中,点击"布管系统配置",管段下拉菜单中并没有所需材质,此时就需要新建管段。

在布管系统配置对话框中,点击"管段和尺寸",如图 12-13 所示。

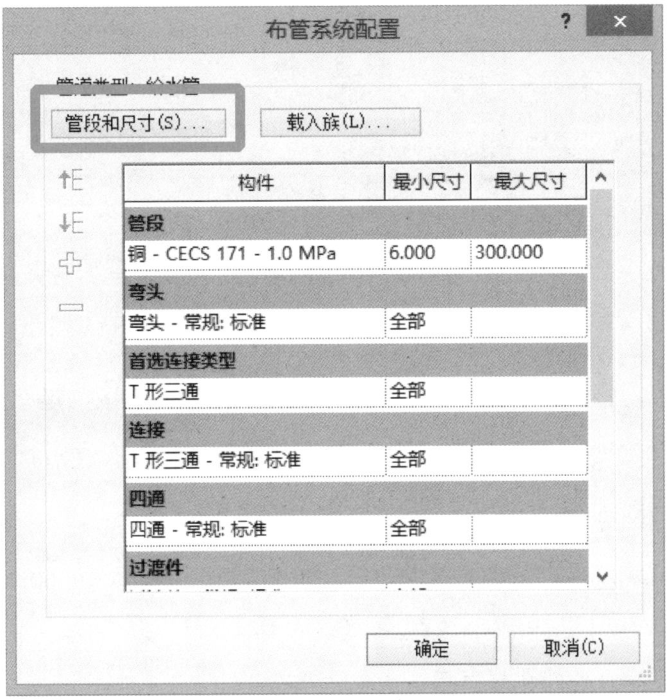

图 12-13 新建管道和尺寸

(4)在机械设置对话框中,点击"新建管段"命令,如图 12-14 所示。在"新建管段"对话框中,选择"材质"命令,点击材质栏 ... 按钮,在材质库中选择材质"钢,镀锌",将其复制并重命名为"衬塑镀锌钢",确定将其添加,如图 12-15 所示。点击"确定"完成后返回到"布管系统配置"对话框,在"管段"处选择"衬塑镀锌钢"。

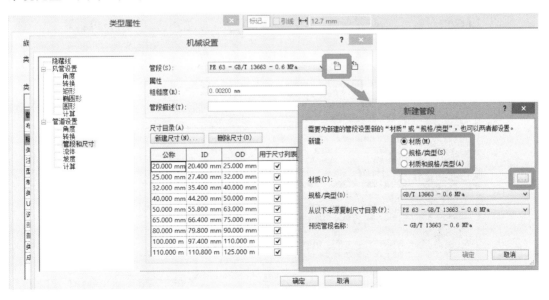

图 12-14 "新建管段"对话框

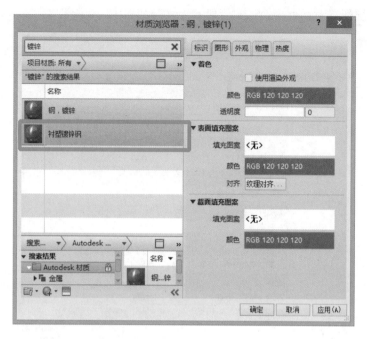

图 12-15　新建材质

【注意】新建管段有 3 种新建方式。

①材质：自行在软件材质库里选择材质，规格/类型和尺寸目录都使用软件默认的。

②规格/类型：自定义管道规格/类型的名称，材质和尺寸目录都使用软件默认的。

③材质和规格/类型：自定义材质和管道类型的名称，尺寸目录使用软件默认的。

（5）设置管件。在"布管系统配置"对话框中，点击"载入族"，在系统自带族库目录中，点击"机电"—"水管管件"—"可锻铸铁"—"150 磅级"—"螺纹"，选择以下管件，如图 12-16 所示，点击"打开"完成。

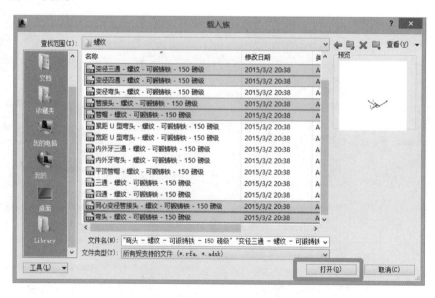

图 12-16　管件族

（6）在"布管系统配置"对话框中，依次更换对应管件，点击"确定"完成，如图 12-17 所示。

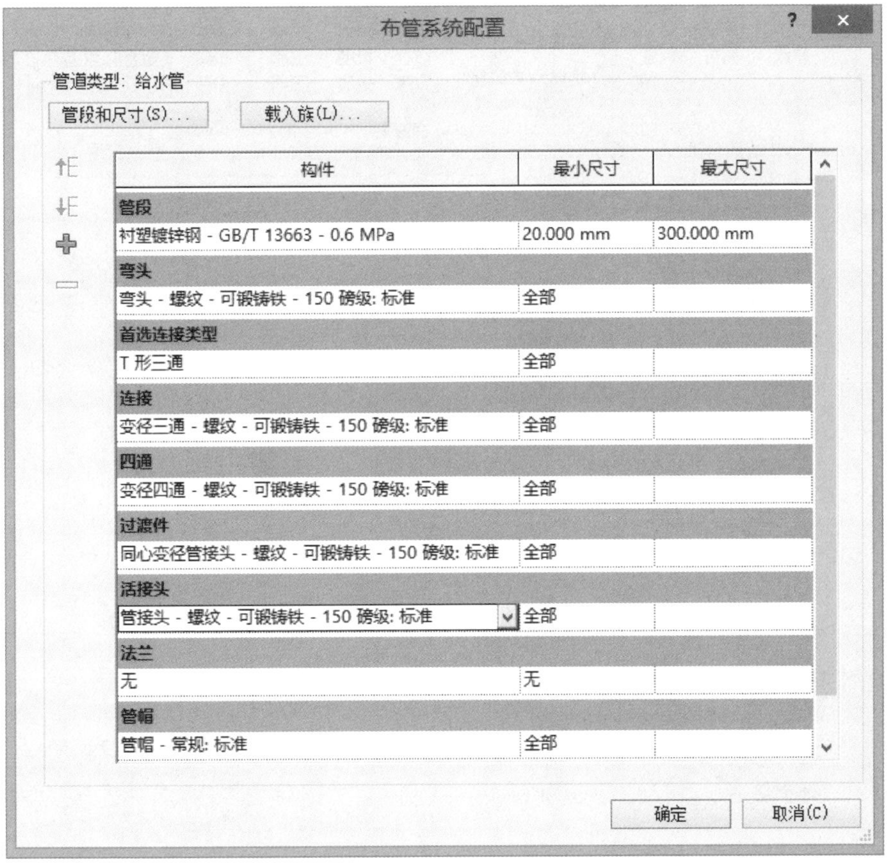

图 12-17　布管系统配置

【注意】"首选连接类型"不改，为 T 形三通。

2. 创建管道

（1）在项目浏览器中，点击"卫浴"—"楼层平面"，进入"1-卫浴"平面视图。在选项栏中，点击"系统"—"管道"，在属性框中，管道类型选择"给水管"。设置管道所需参数，如图 12-18所示。

【注意】"系统类型"应选择与管道用途相应的管道系统。

（2）创建立管。点击"系统"—"管道"，选择管道类型，将偏移量设为"0.0 mm"，在平面视图上绘制第一点，如图 12-19 所示。将偏移量设为"4000.0 mm"，点击"应用"命令，如图12-20 所示。

（3）创建斜管。点击已绘制的管道，在"修改|管道"处点击"坡度"，如图 12-21 所示。修改"坡度值"为"1.0000％"，如图 12-22 所示。

【注意】注意坡度的走向，点击"坡度控制点"，选择向上坡度或向下坡度。

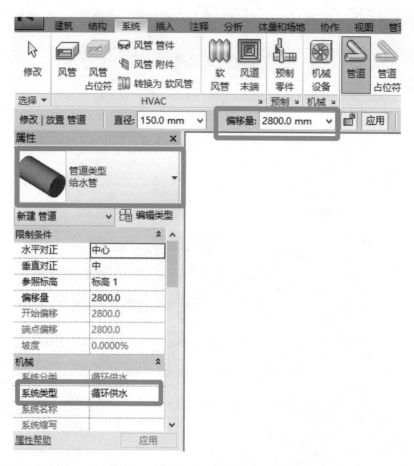

图 12-18　管道选项

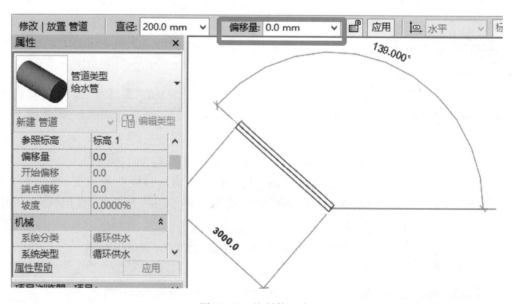

图 12-19　绘制第一点

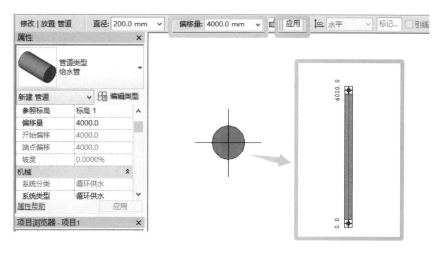

图 12-20　绘制第二点

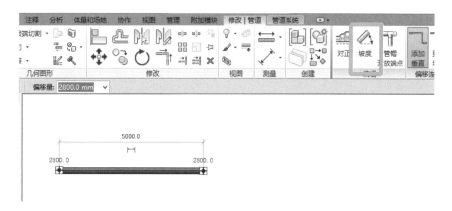

图 12-21　添加坡度

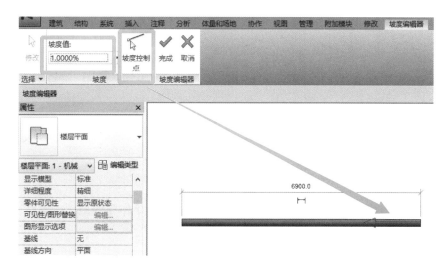

图 12-22　修改坡度值

3.设备构件连接

（1）放置机械设备。在选项栏中，点击"机械设备"选择所需设备，在绘图区点击放置在所需位置，如图 12-23 所示。若选项中没有所需的设备，可通过选项栏中的"插入"—"载入族"命令添加所需设备族。

图 12-23　机械设备选项

（2）放置闸阀。在选项栏中，点击"系统"—"管路 附件"，选择所需的闸阀放置在管道上，如图 12-24 所示。

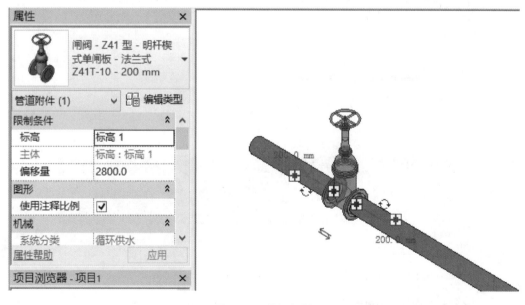

图 12-24　放置闸阀

【注意】闸阀无法自适应管道尺寸，所以应选择与管道尺寸相同的闸阀。若没有，可通过"编辑类型"新建类型。

【教学实践 12-1】

根据如图 12-25 所示 CAD 图纸，创建管道模型。

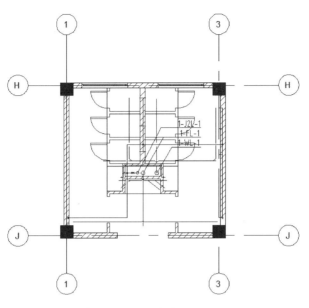

图 12-25　管道图纸 1

12.3　消 防 喷 淋

1. 喷淋

(1) 放置喷头。在选项栏中,点击"系统"—"喷头"。提示载入族,点击"是",如图 12-26 所示。在软件自带的族库目录中,点击"消防"—"给水和灭火"—"喷头",选择以下喷头,点击"打开"完成,如图 12-27 所示。

图 12-26　添加喷头族

(2) 已知管道偏移量为 3500,将喷头偏移量设为"3000.0",在绘图区点击放置碰头,如图 12-28 所示。

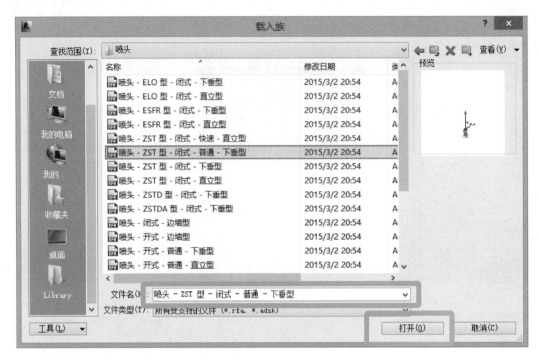

图 12-27　喷头族

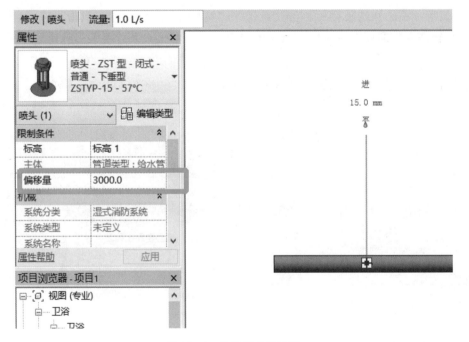

图 12-28　设置喷头偏移量

（3）连接喷头。在立面视图可看到，喷头与管道并未连接。选中喷头，在选项栏中，选择"修改|喷头"—"连接到"命令，再点击所需连接到的喷淋支管，完成连接，如图 12-29 所示。

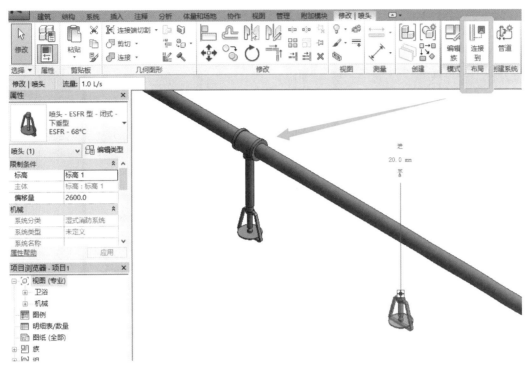

图 12-29　连接喷头

【注意】上述方法适用于管道中部的喷头连接。对于管道尾端的喷头，可在平面视图中，将管道尾端拖至喷头中心连接，如图 12-30 所示。

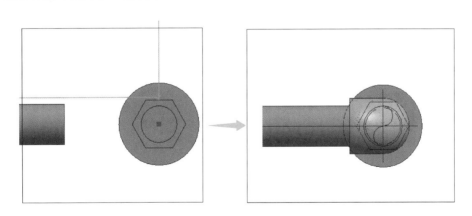

图 12-30　末端喷头连接

【教学实践 12-2】

根据如图 12-31 所示 CAD 图纸，创建管道模型。

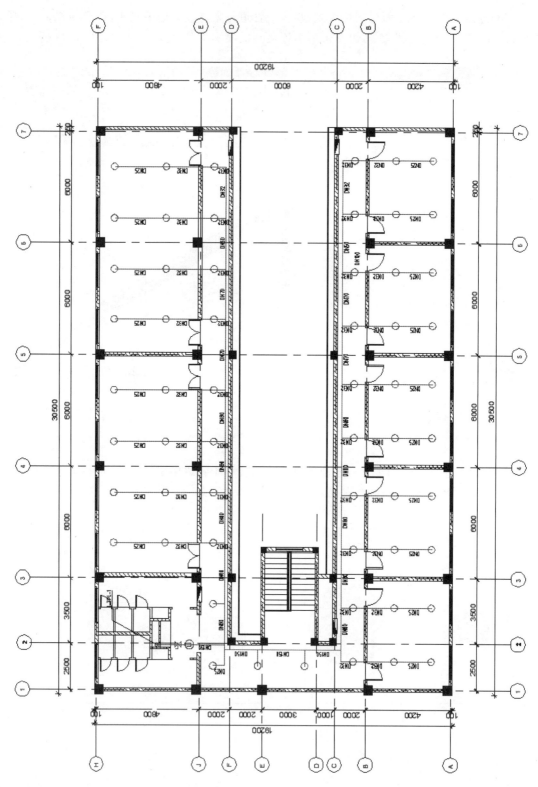

图 12-31　管道图纸 2

2.消火栓

（1）放置消火栓。由于菜单中没有消火栓，可以在软件自带的族库中，点击"消防"—"给水和灭火"—"消火栓"在目录下选择，通过选项栏中"插入"—"载入族"添加消火栓，如图12-32 所示。在选项栏中，点击"系统"—"机械设备"命令，设置标高，在平面图中点击放置。

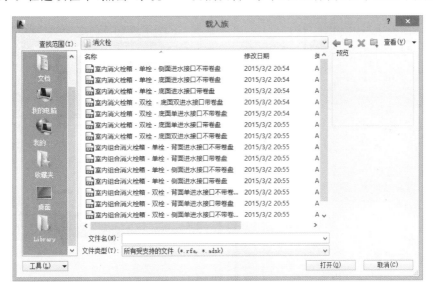

图 12-32　消火栓族

【注意】空格键可调整消火栓箱方向；消火栓箱只能基于墙放置。

（2）放置消火栓箱后，绘制管线连接消火栓箱。从主管位置绘制一条支管，通向消火栓箱，在消火栓箱旁的立管位置处向下绘制出立管，偏移量为 200（消火栓箱偏移量为 500），见图 12-33。

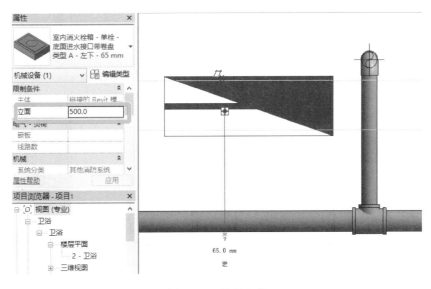

图 12-33　绘制立管

（3）将立管从底部接入消火栓底部，见图 12-34。完成后，如图 12-35 所示。

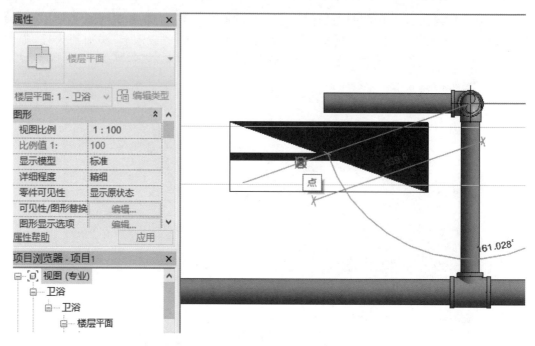

图 12-34　立管底部连接到消火栓

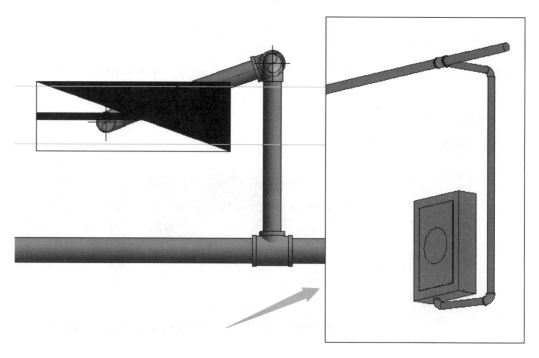

图 12-35　消火栓连接完成效果图

【教学实践 12-3】

根据如图 12-36 所示 CAD 图纸，创建管道模型。

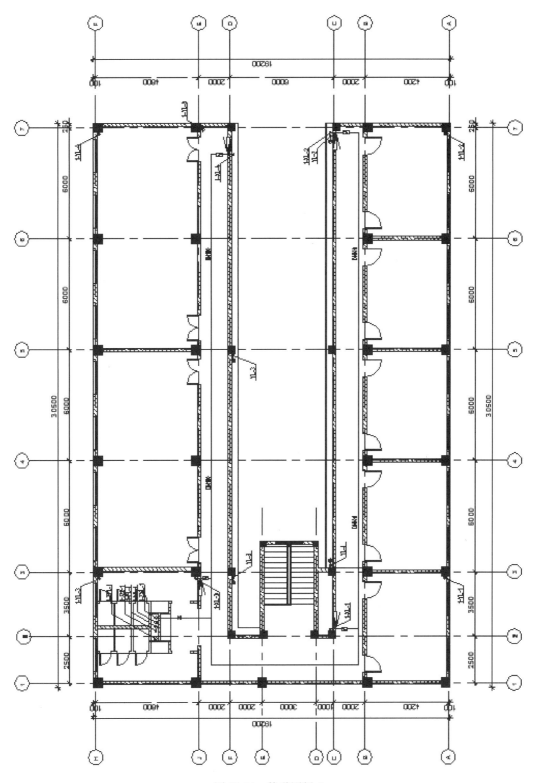

图 12-36　管道图纸 3

12.4　管道尺寸

管道标注的方法主要有 3 种。

（1）在放置时进行标记。在选项栏中,点击"系统"—"管道",在"修改|放置 管道"命令下,选择"在放置时进行标记"。此时相应的管道标记会随着管道绘制生成,如图 12-37 所示。

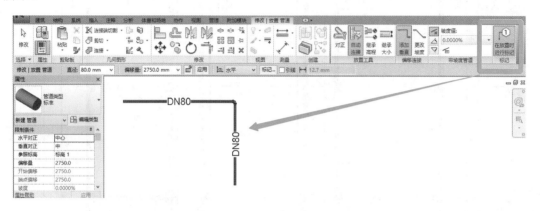

图 12-37　在放置时进行标记

（2）按类别标记。先绘制一段管段,在选项栏中,点击"注释"—"按类别标记",选中需要标记的管段并点击,如图 12-38 所示。

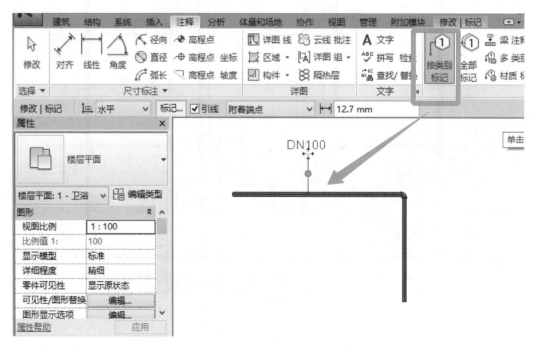

图 12-38　按类别标记

【注意】可以选中标记，选择是否勾选"引线"，如图 12-39 所示。

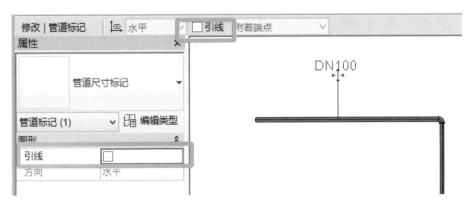

图 12-39　选择引线

（3）全部标记。先绘制一段管道，在选项栏中，点击"注释"—"全部标记"，如图 12-40 所示。

图 12-40　全部标记

在弹出的"标记所有未标记的对象"对话框中，选择"类别"—"管道标记"，如图 12-41 所示。点击"确定"完成后，如图 12-42 所示。

图 12-41　选择标记对象

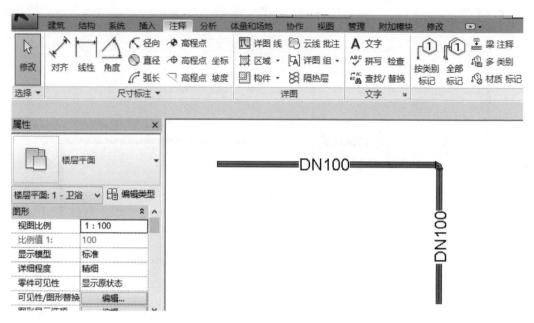

图 12-42　标记完成效果

【注意】在此对话框中，可以选择标记是否有引线及引线方向。

12.5　统计明细表

（1）在选项栏中，点击"视图"—"明细表"，在下拉菜单中，选择"明细表/数量"，如图 12-43 所示。

图 12-43　明细表选项

（2）在"新建明细表"对话框中，选择"类别"—"管道"，名称为"管道明细表"，点击"确定"完成新建，如图 12-44 所示。

（3）在弹出的"明细表属性"对话框中，在"字段"—"可用的字段"中，选择所需字段添加到"明细表字段"，如"类型""系统类型""尺寸""长度"。点击"确定"完成，如图 12-45 所示。

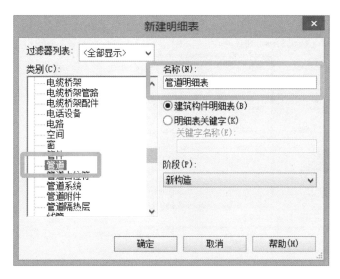

图 12-44 新建明细表

图 12-45 添加字段

【注意】通过"上移""下移"按钮调整字段顺序。

（4）在"排序/成组"选项下，设置排序方式，使明细表按照"类型""系统类型""尺寸"依次排序，如图 12-46 所示。

图 12-46　设置字段排序

【注意】勾选"总计",选择"标题、合计和总数",取消勾选"逐项列举每个实例"。

(5)在"格式"选项下,选择字段"长度",勾选"计算总数",统计长度总数,如图 12-47 所示。点击"确定"完成明细表,如图 12-48 所示。

图 12-47　设置格式

<管道明细表>

A	B	C	D
类型	系统类型	尺寸	长度
标准	湿式消防系统	80 mm	7544
标准	湿式消防系统	100 mm	5700
标准	湿式消防系统	150 mm	9279
总计: 7			22522

图 12-48　管道明细表效果

【说明】在 Revit 中,明细表和模型是相互关联的,如果模型修改了,明细表也会自动更新。同时,在明细表中也可以查看每个构件在模型中的位置。

第13章 暖通模型

13.1 设置暖通管线显示属性

1. 新建暖通项目文件

(1)启动 Revit,选择"新建项目"—"机械样板"创建新项目,如图 13-1 所示。点击"确定"进入绘图界面。

图 13-1 选择机械样板

(2)暖通空调专业的绘图命令主要有"系统"下的"HVAC""预制""机械"等工具栏。"项目浏览器"中,项目视图默认按"卫浴""机械"规程排布,如图 13-2 所示。

图 13-2 暖通项目文件界面

（3）暖通专业模型的绘制需要参照建筑结构模型的位置信息。因此建模前，需要先将建筑结构的".rvt"文件链接进来，在此基础上创建标高、轴网。选择功能区"插入"—"链接 Revit"命令，选择需要链接的建筑结构的".rvt"文件，"定位"设置为"自动-原点到原点"，点击"打开"即可，如图 13-3 所示。

图 13-3　链接 Revit 文件

按照链接进来的建筑结构模型文件自带的标高、轴网信息，创建新的标高、轴网，并激活各标高对应楼层平面，详见图 13-4。操作方法前面专业有讲解，此处不再赘述。

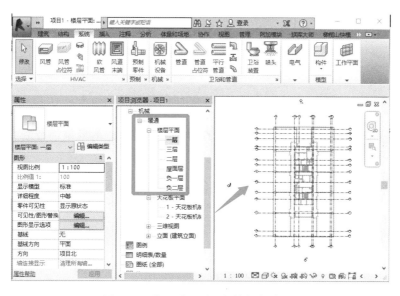

图 13-4　设置暖通项目文件标高、轴网

【教学实践 13-1】

按上述步骤，完成 Revit 模型文件的链接，以及标高、轴网的设置。

2.新建暖通系统

一般情况下，暖通专业既包含风管系统，也包含部分水系统，如冷凝水系统、循环水系统等。所以，创建暖通模型涉及"风管系统"与"管道系统"。建模前须分析原 CAD 设计，识别出暖通系统类别（如排烟、新风、循环水、冷凝水等），并据此新建系统。

（1）新建风管系统。

①在项目浏览器中，选择"族"—"风管系统"，下拉菜单中软件默认有"回风""排风""送风"，需要新建"排烟"系统。

②右击"排风"，基于"排风"系统，点击鼠标右键，复制"排风"并重命名为"排烟"，如图13-5 所示。

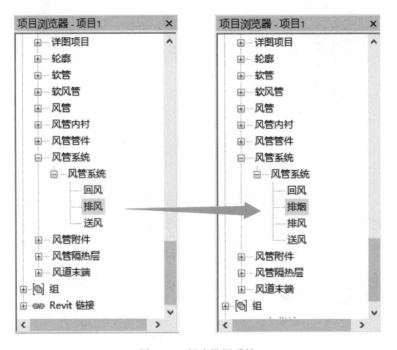

图 13-5　新建排烟系统

【注意】在复制新建系统时，应按照管线的功能选择相对应的系统进行复制，如新建"新风"系统，需要基于"送风"复制。

（2）新建管道系统。

在项目浏览器中，选择"族"—"管道系统"，基于"其他"复制并重命名"空调冷凝水"系统，如图 13-6 所示。

【教学实践 13-2】

①基于"送风"系统，创建"新风"系统。

②基于"其他"，复制新建"冷媒管"系统。

图 13-6　新建空调冷凝水系统

3.设置暖通过滤器

与给排水专业一样,对于不同系统的管线,我们可以通过赋予管线不同的表面颜色来加以区分,此处主要介绍采用过滤器的方法。

(1)新建过滤器:均在三维视图下进行。点击功能选项卡"视图"—"可见性/图形"—"过滤器"标签栏,打开过滤器设置框,"编辑/新建"过滤器(图 13-7),设置"排烟系统"过滤器的过滤条件(图 13-8),可点击"应用",继续新建其他风管系统(图 13-9)。

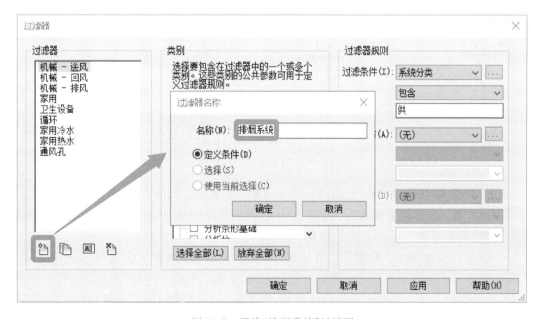

图 13-7　新建"排烟系统"过滤器

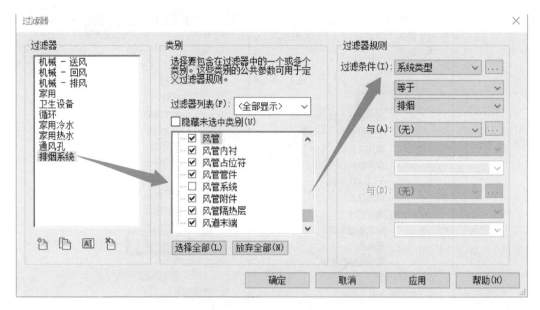

图 13-8   设置"排烟系统"过滤器

图 13-9   设置好的风管过滤器

由于"冷凝水"属于管道系统,其过滤器的设置按照管道系统的方法,如图 13-10 所示。

【注意】过滤条件的"系统类型"需要在"项目浏览器"—"族"中预先设置;"类别"里的带"系统"字样的不勾选。

(2)添加过滤器:点击"视图"—"可见性/图形替换"—"过滤器",添加"排烟系统"过滤器,并设置该过滤器的颜色与填充图案,如图 13-11 所示。

按照同样的方法设置其他系统的过滤器,设置完成后,如图 13-12 所示,点击"确定"即过滤器设置完毕。分别绘制六个系统的模型,三维视图下的暖通过滤器效果如图 13-13 所示。

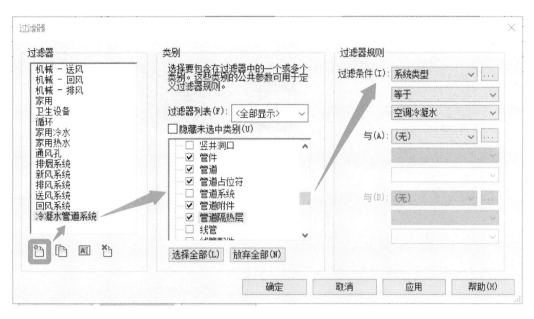

图 13-10 设置"冷凝水管道系统"过滤器

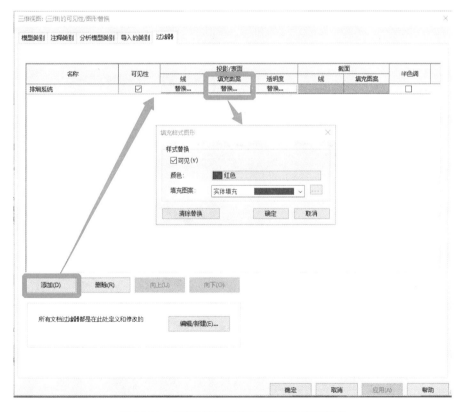

图 13-11 添加"排烟系统"并设置过滤器颜色

图 13-12　暖通过滤器

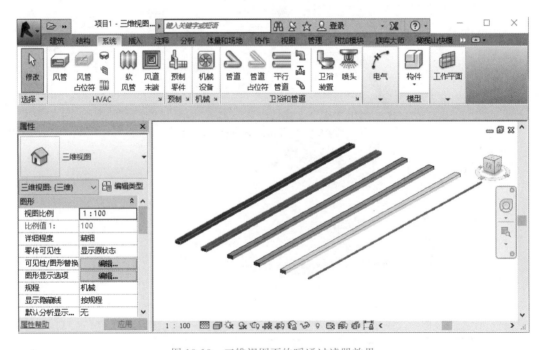

图 13-13　三维视图下的暖通过滤器效果

（3）过滤器的传递：过滤器是基于视图的设置，上述过滤器是在三维视图中创建的，如果要在其他视图中应用该过滤器，可使用"视图样板"功能创建"暖通过滤器"，将创建的过滤器传递到其他视图。暖通过滤器传递到楼层平面视图的效果如图 3-14 所示。

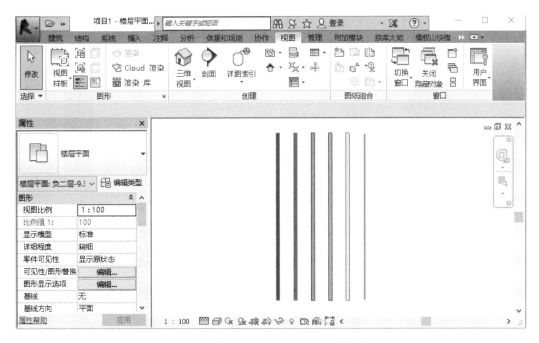

图 3-14　暖通过滤器传递到楼层平面视图的效果

【教学实践 13-3】

新建"冷媒管"过滤器，按照上述步骤，创建并传递该过滤器。

4. 绘制风管

下面以创建某项目一层风管为例，讲解风管的绘制方法。

（1）链接 CAD 文件，作为建模参照。

暖通专业模型的绘制需要参照原设计 CAD 图纸，因此绘制风管前，需要将原设计 CAD 图纸链接进来。

选择功能区"插入"—"链接 CAD"命令—"一层通风、空调、防排烟平面图.dwg"文件，按图 13-15 中设置，点击"打开"即可。

【注意】链接的".dwg"图纸需要"放置于"相应的楼层平面，如一层空调平面图需要放置"负一层"楼层平面；可勾选"仅当前视图"，以避免".dwg"图纸遮挡其他楼层平面；CAD 链接进来的位置可能与已链接进来的建筑结构模型位置不一致，需要调整其轴线与 Revit 建筑结构模型轴线对齐；在其他设置无误的情况下，若在平面视图中找不到链接进来的".dwg"图纸，可点击右键，选择"缩放匹配"命令，然后将".dwg"图纸调至正确位置。

（2）从原 CAD 设计说明中识读出各风管系统的截面形状（矩形、圆形或椭圆形等）、连接方式（T 形三通或接头等）、截面尺寸及敷设高度等，设置正确的参数后进行绘制。

本案例一层需要绘制的风管有送风风管、回风风管、新风风管，如图 13-16 所示。此处

图 13-15　链接 CAD 图

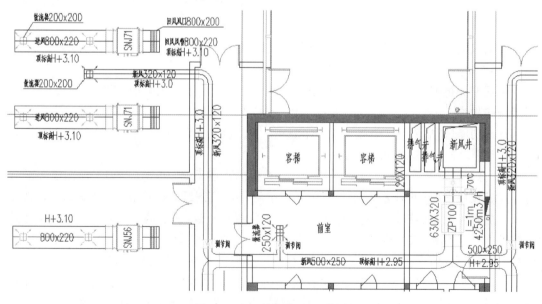

图 13-16　一层风管 CAD 截图

以绘制新风风管为例,其他风管系统参照此法。

①在"一层"平面视图,选择功能区"系统"—"风管",点击属性框类型下拉栏,选择"矩形风管"—"半径弯头/T形三通"类型,并点击"编辑属性"进入"类型属性"对话框,点击"编辑"弹出"布管系统配置"对话框,根据项目要求设置风管构件类型,如图 13-17 所示。设置完成后,点击"确定"即可。

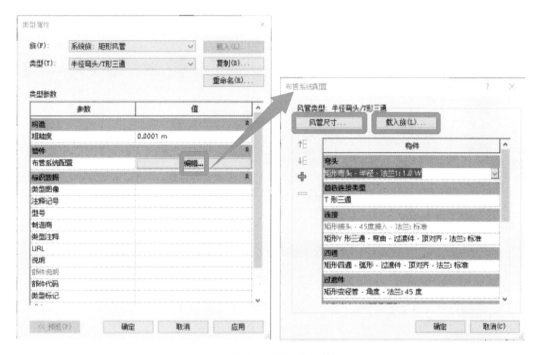

图 13-17　设置风管构件

【注意】进入"布管系统配置",可对风管"构件"进行设置。由于系统默认构件为"无",需要通过"载入族",载入软件自带的族库,"China"—"机电"—"风管 管件"目录下的矩形/T 形三通、弯头、连接、四通、过渡件、接头等,然后设置风管构件类型。

②设置风管尺寸(宽度 320、高度 120),设置风管的属性栏、选项栏参数(水平对正、垂直对正、参照标高、偏移量及系统类型),如图 13-18 所示。

【注意】若送风管截面尺寸为"宽 800,高 220",而"高度"的尺寸选项中没有 220,需要新建尺寸。点击"布管系统配置"—"风管尺寸"进入"机械设置"框,选择"风管设置"下的"矩形",点击"新建尺寸",添加"220.00"的尺寸,如图 13-19 所示。还可采用另外的方法打开"机械设置"对话框:选择功能区"管理"—"MEP 设置"—"机械设置",如图 13-20 所示。或者选择功能区"系统"—"HVAC"右下角的小箭头 ↘ ,如图 13-21 所示。

(3)设置完成后,绘制新风风管,如图 13-22 所示。

【注意】绘制新风风管时,设置的标高为"基于一层,偏移量为 3000.0 mm",但管道绘制完成后,"偏移量"会自动显示管中高度"2940.0 mm"。

按照上述步骤,绘制完成送风风管、回风风管,如图 13-23 所示。

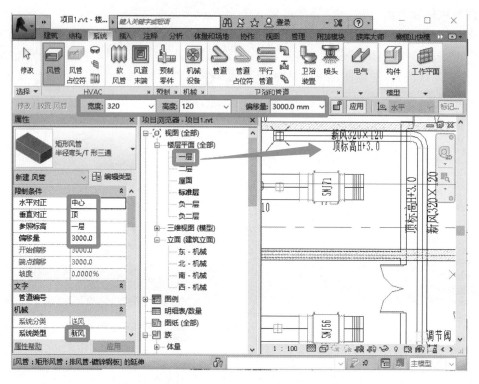

图 13-18　风管的参数设置

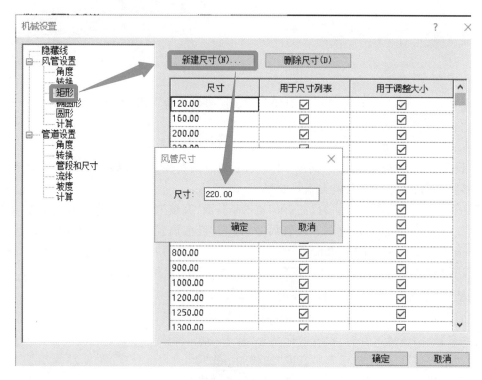

图 13-19　风管机械设置

图 13-20 打开"机械设置"对话框方法 1

图 13-21 打开"机械设置"对话框方法 2

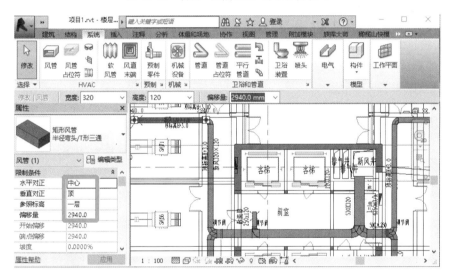

图 13-22 完成的新风管平面视图

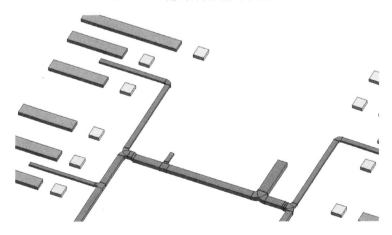

图 13-23 完成的风管三维视图

【教学实践13-4】

练习绘制下列两种情况的风管(图13-24)。

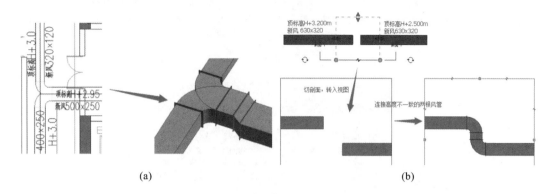

图13-24　两种情况的风管

(4)添加风管标记:首先,从 Revit 自带族库目录"注释"—"标记"—"机械"—"风管"下选择"风管尺寸标记"族文件载入项目;然后,选择功能区"注释"—"按类别标记"命令,根据需要标注的样式,考虑是垂直式还是水平式标注,是否取消"引线"勾选等,最后点击需要标注的风管,如图13-25所示。

图13-25　添加风管标记

目前视图中添加的风管标记为默认样式,可对其样式进行修改。点击视图中的风管标注,选择功能区"编辑族"命令(或者直接双击视图中的风管标注),进入编辑界面,删除不需要的标高线,或者选中标注,点击其属性栏的"标签"—"编辑",设置标签参数,如图13-26所示。

在其类型属性中将其"文字大小"修改为适宜大小,载入项目。修改后的风管标记如图13-27所示。

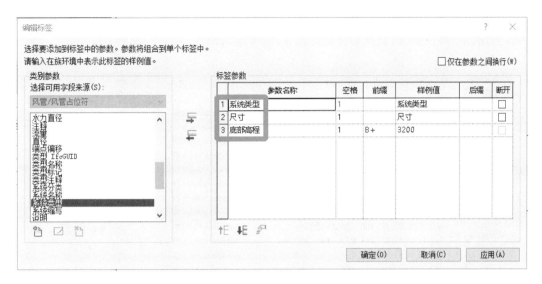

图 13-26　风管标记标签参数设置

图 13-27　修改后的风管标记

5. 放置风管附件

在 Revit 中，风管附件为可载入族，包括风阀、止回阀、防火阀及消声器等多种类型，可用专用命令将风管附件按 CAD 图放置在合适位置。

若默认的项目样板中没有需要的风管附件族，可从外部族库中载入，或者利用族样板新建族构件，具体详见建筑部分的建族部分。此处我们主要讲解蝶阀、防火阀的放置。

（1）蝶阀的放置。

识读 CAD 图，找出蝶阀的位置，如图 13-28 所示，从 Revit 软件自带族库里载入止回阀

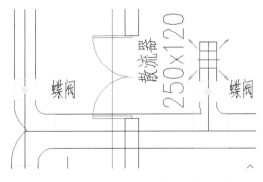

图 13-28　CAD 图中风管附件—蝶阀位置

等附件,选择功能区"插入"—"载入族"命令,在软件自带族库"机电"—"风管 附件"—"风阀"目录下选择"蝶阀-矩形-手柄式.rfa"族文件,如图 13-29 所示,点击"打开",选择蝶阀尺寸,点击"确定"即已载入,如没有合适的尺寸,需要编辑设置。

图 13-29　载入蝶阀

选择功能区"系统"—"风管 附件"命令,选择载入的调节阀,此处注意放置蝶阀前,需要根据风管尺寸设置蝶阀尺寸,若有合适的尺寸,直接选取并放置于风管的相应位置即可,如图 13-30 所示。

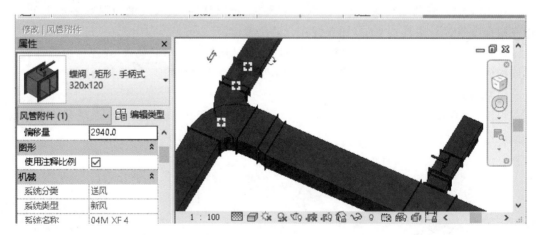

图 13-30　蝶阀的放置

【注意】若需要"630×320"的调节阀,则需要新建:点击属性栏下"编辑类型",基于已有的调节阀尺寸"复制"出新的尺寸"630×320",并在类型参数中修改尺寸标注,如图 13-31 所示,点击"确定"即可。止回阀等需要按风管尺寸而调节尺寸的风阀按照此法放置。

图 13-31　新建调节阀

（2）防火阀的放置。

以负二层排烟风管为例，找出防火阀的位置，如图 13-32 所示。选择功能区"插入—载入族"命令，在软件自带族库"消防"—"防排烟"—"风阀"目录下选择"防火阀-矩形-电动-70摄氏度.rfa""防火阀-矩形-电动-280摄氏度.rfa"两个族文件，如图 13-33 所示，点击"打开"即已载入。

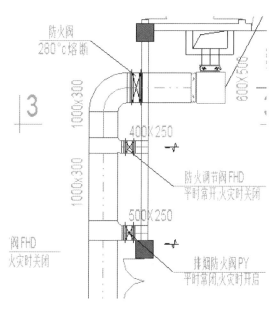

图 13-32　CAD 图中防火阀位置

选择功能区"系统"—"风管 附件"命令，选择对应温度级别的防火阀，由于防火阀会自动适应风管的尺寸，直接放置于风管的相应位置即可，如图 13-34 所示。

电动风阀等能自动适应风管尺寸的风阀按照此法放置。

图 13-33　载入防火阀

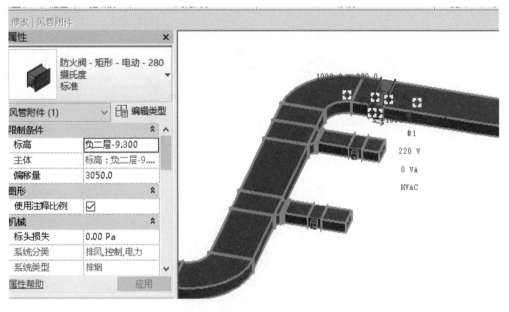

图 13-34　防火阀的放置

6. 放置风道末端

在 Revit 中，风道末端是可载入族，包括风口（如送风口、回风口等）、格栅（如排烟、排风格栅等）、散流器等风管末端装置，可用专门的"风道末端"命令放置。不同的风道末端装置具有不同的功能、形状及连接方式，此处主要讲解侧装的百叶风口、散流器及回风口的放置，如图 13-35 所示。

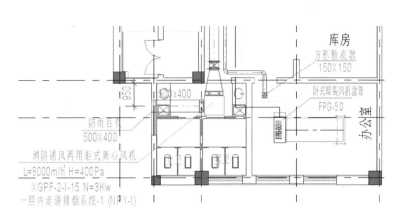

图 13-35　CAD 图中风道末端标识

选择功能区"系统"—"风道末端"命令，查看默认的项目样板中有没有需要的风道末端族，如没有，则从外部族库载入，或是利用族样板新建族构件。

（1）放置送风口。

选择功能区"插入"—"载入族"命令，在 Revit 自带的族库"机电"—"风管 附件"—"风口"目录下，选择合适的族文件，如图 13-36 所示。

图 13-36　载入送风口、散流器

选择功能区"系统"—"风道末端"命令，选择载入的"送风口-矩形-单层-可调-侧装.rfa"，按照图纸标识的尺寸，复制新建一个"500×400"的新类型，在其属性栏中设置好参数，如图 13-37 所示。

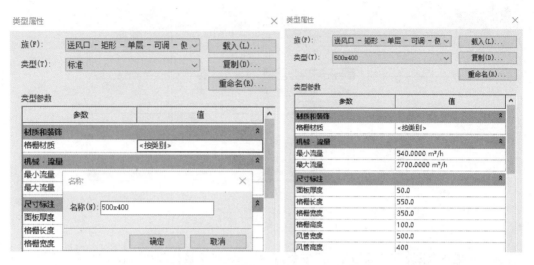

图 13-37　新建"500×400"送风口

选择新建的送风口类型，激活"修改│风道末端"—"风管末端安装到风管上"按钮，再放置于风管的相应位置（此处无须先设置偏移量），送风口即自动附着于风管上，如图 13-38 所示。放置好的送风口三维图如图 13-39 所示。

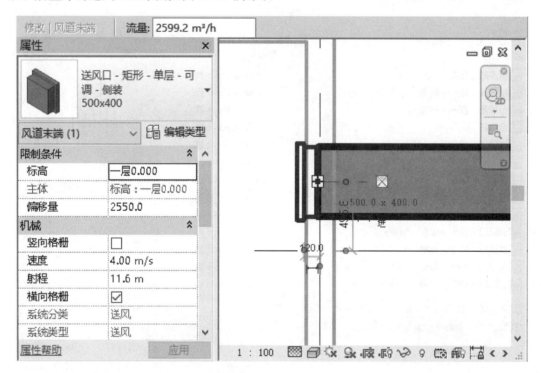

图 13-38　放置送风口

（2）放置散流器。

在软件自带的族库"机电"—"风管 附件"—"风口"目录下找到"散流器-矩形"，载入项目中。如前述办法，复制新建一个尺寸为"150×150"的散流器。

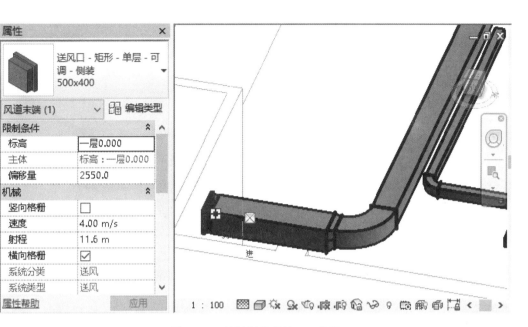

图 13-39　放置好的送风口三维图

选择新建的散流器，取消选择功能区"风道末端安装到风管上"按钮，在其属性栏设置偏移量，然后在绘图区点击风管中心位置放置，如图 13-40 所示。放置好的散流器三维图如图 13-41 所示。

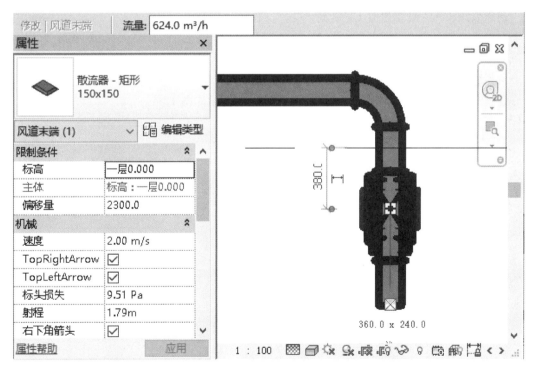

图 13-40　散流器属性设置

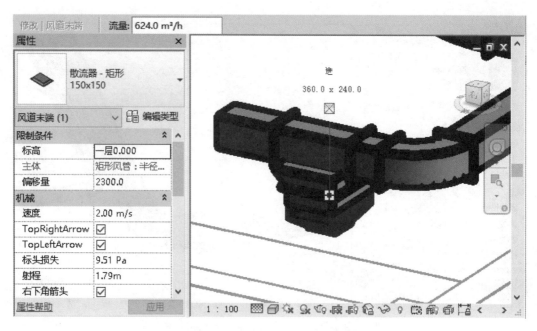

图 13-41　放置好的散流器三维图

【注意】由于之前设置的矩形风管为"半径弯头/T 形三通",所以散流器与风管为三通连接;若散流器与风管需为接头连接,则在放置散流器前,将风管设置为"半径弯头/接头"即可。

(3)放置回风口。

回风管道 CAD 截图如图 13-42 所示。

在软件自带的族库"机电"—"风管 附件"—"风口"目录下找到"回风口-矩形-单层-可调.rfa",载入项目中。如前述方法,复制新建一个尺寸为"800×200"的回风口。

选择新建的回风口,选择功能区"风道末端安装到风管上"按钮,然后在绘图区点击风管中心位置放置,如图 13-43 所示。放置好的回风口三维图如图 13-44 所示。

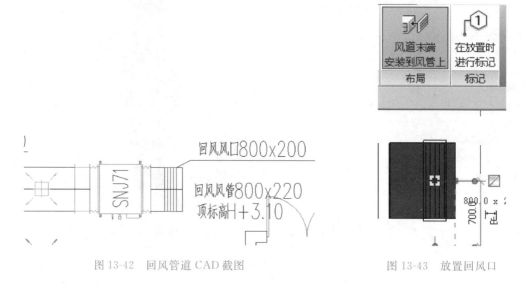

图 13-42　回风管道 CAD 截图　　　　图 13-43　放置回风口

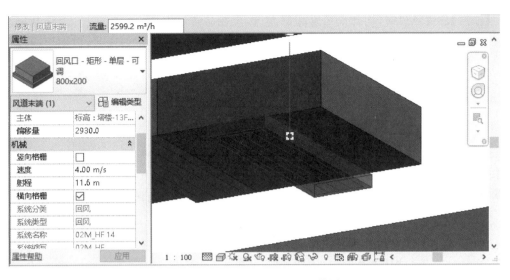

图 13-44　放置好的回风口三维图

(4)添加风管末端标记。

以散流器为例,选择功能区"注释"—"按类别标记"命令,在绘图区点击需要标注的散流器,如图 13-45所示。

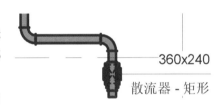

图 13-45　散流器标记

由于默认标注的是尺寸及其族"说明"参数中的内容,所以可以修改散流器"类型属性"里的"说明"项内容,如图 13-46 所示。

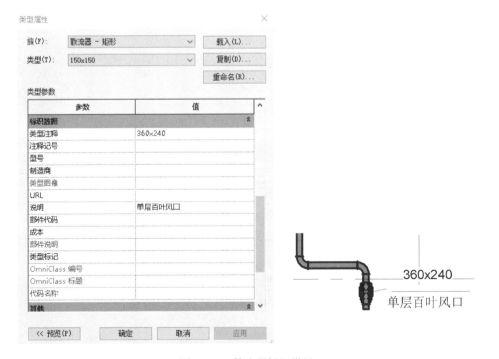

图 13-46　散流器标记设置

【注意】放置风口时,切勿离风管端部太近,应在与端部保持一定距离后,再将其拖至要放置的位置;设置风口标高时,注意风口跟连接的风管底部有一定的高差,以便生成连接的接头和风管,否则会出现错误。

13.2 暖通设备

在 Revit 中,暖通专业的各类风机、空调机组等专用设备都是可载入族,可以从外部族库中选择合适的族文件载入项目,也可以基于"公制机械设备.rft"族样板定制。Revit 有专门的"机械设备"命令用于放置暖通设备。此处主要讲解风机、空调机组及空调设备的放置。

1. 放置风机

识读 CAD 图纸,找出"离心式排烟风机"的类型及位置。选择功能区"插入"—"载入族"命令,在软件自带的族库"消防"—"防排烟"—"风机"目录下,选择"排烟风机-离心式-消防.rfa"族文件载入项目,如图 13-47 所示。

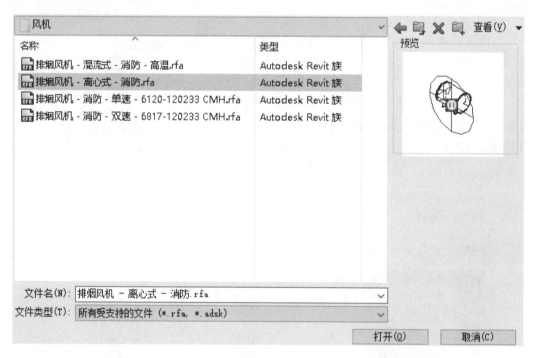

图 13-47 载入风机族

选择功能区"系统"—"机械设备"命令,点击属性栏"编辑类型",对风机参数进行设置,如图 13-48 所示。

将要放置风机处的风管断开,在属性栏选取合适的风机,在平面视图将风机中心对齐风管中心,如图 13-49 所示,再到立面或剖面中调整风机的中心标高,使其与风管的中心标高一致,如图 13-50~图 13-52 所示。

回到平面视图,将两端的风管拖至风机的端口,如图 13-53 所示。风机放置完成,如图 13-54 所示。

图 13-48　新建风机

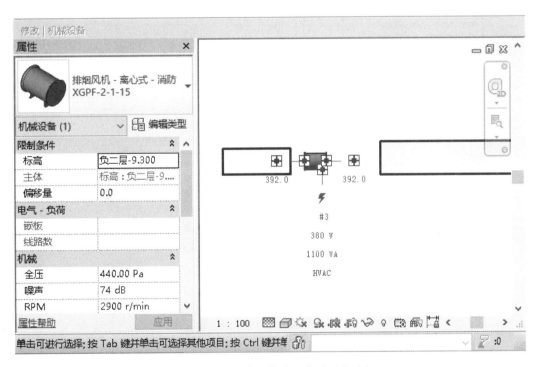

图 13-49　风机与风管中心在平面上对齐

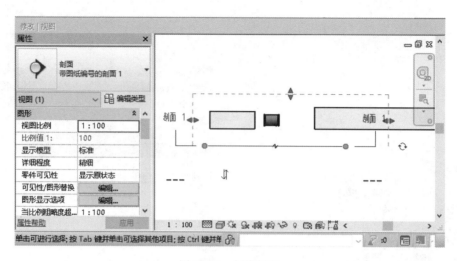

图 13-50　创建剖面

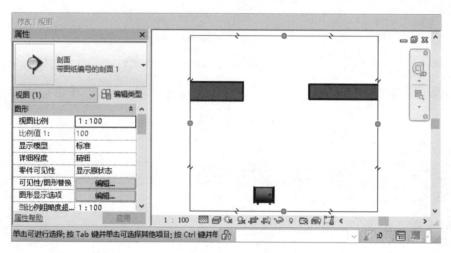

图 13-51　剖面转到视图界面

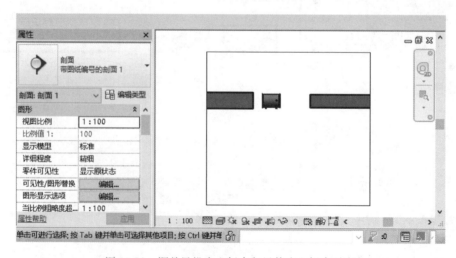

图 13-52　调整风机中心标高与风管中心标高对齐

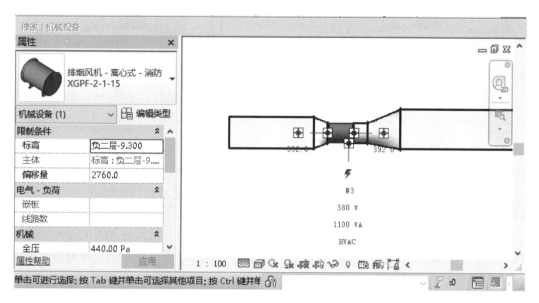

图 13-53　连接风机与风管

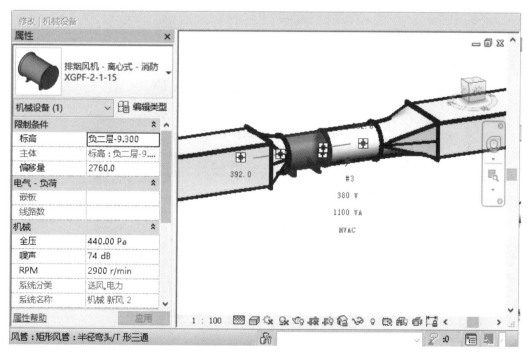

图 13-54　完成风机的放置

　　添加设备型号标记,选择功能区"注释"—"按类别标记"命令,在绘图区点击需要标注的设备,如图 13-55 所示。选中标记,点击"编辑族"命令,在族编辑界面,将标签参数改为"型号",并去掉方框。修改完成后,"载入到项目"即完成标记,如图 13-56 所示。

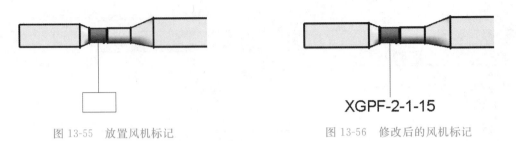

图 13-55 放置风机标记 图 13-56 修改后的风机标记

2. 放置空调机组

(1)空调机组简介。

①多联机中央空调系统所包含的设备有室外机主机、各种形式的室内机、节流部件、分器管、内外机连接管、送风风管、进出风口等。

②冷水机组中央空调系统包含的设备有空调主机、空调箱或者风机盘管末端换热设备、水泵、冷却塔、膨胀水箱,包括室内机与室外机。室内机与室外机组成一个相对封闭的整体,对室内空气进行热交换。

(2)多联机-室内机的放置。

选择功能区"插入"—"载入族"命令,在软件自带的族库"机电"—"空气调节"—"VRF"目录下选择如图 13-57 所示的空调机组族文件。

图 13-57 载入空调机组

选择功能区"系统"—"机械设备"命令,选择合适的吊装式空调机组,放置在绘图区的正确位置,参数设置如图 13-58 所示。

将鼠标移至吊装空调机组的风口接口位置,点击鼠标右键,选取"绘制风管",即完成吊装空调机组的放置,如图 13-59 所示。

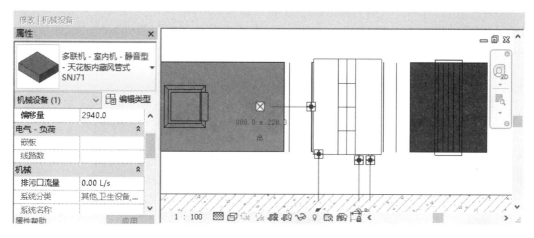

图 13-58　放置吊装空调机组

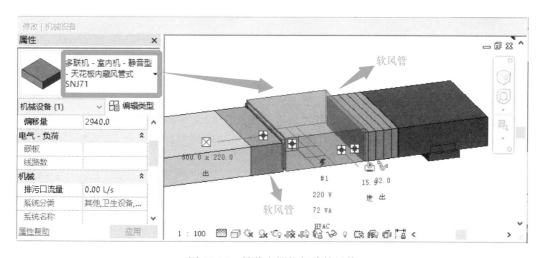

图 13-59　吊装空调机组连接风管

（3）多联机-室外机的放置。

多联机-室外机 CAD 截图如图 13-60 所示。

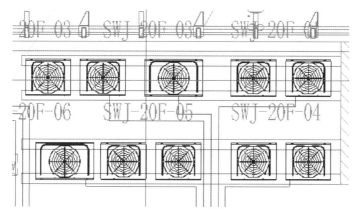

图 13-60　多联机-室外机 CAD 截图

选择功能区"插入"—"载入族"命令,在软件自带的族库"机电"—"空气调节"—"VRF"目录下选择"多联机-室外机-商用.rfa"族文件,载入项目。依据原设计"材料表"参数,点击"编辑类型"设置室外机的各项参数,设置偏移量,放置在相应位置,如图 13-61 所示。

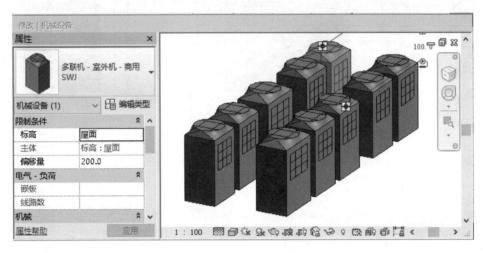

图 13-61 放置好的多联机-室外机三维图

3.放置空调设备

空调机房是空调系统的心脏,很多大型设备都设于此。本案例为负二层空调机房,如图 13-62 所示。从 CAD 图上识读主要的设备,如本例中的燃气型热水机组、水冷螺杆式冷水机组、循环泵等。

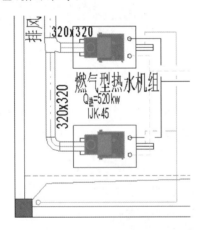

图 13-62 放置燃气型热水机组

空调机房设备的族文件可按功能区"插入"—"载入族"命令,将所需设备载入项目中。载入完成后,开始放置燃气型热水机组,选择功能区"系统"—"机械设备"命令,在类型下拉栏中就出现了"燃气型热水机组-铸铁",选择型号"IJK-45",在绘图区点击放置在相应位置,如图 13-63 所示。

按 CAD 图纸要求,燃气型热水机组因为燃烧燃气,需要接排风管道,现在将排风管道接到设备的相应位置上。

将排风管绘制出来,如图 13-63 所示。选中设备,点击"连接到"命令,如图 13-64 所示。出现"选择连接件"对话框,选中"连接件 6:排风",回到平面视图选择要连接的排风管,即连接完成,如图 13-65 所示。冷水机组、循环泵连接的是管道,此处不再赘述。

完成的空调设备的放置,如图 13-66 所示。

【注意】市场上的设备种类繁多,软件自带的族文件有限,很多时候需要自建族或者对原有族文件进行修改。

【教学实践 13-5】

请绘制图 13-67 中风管、风管附件及风机。

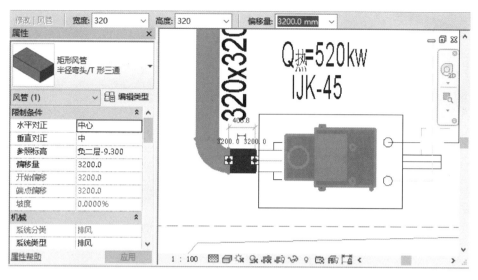

图 13-63　绘制排风管

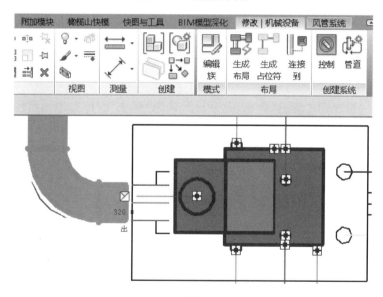

图 13-64　连接设备与风管

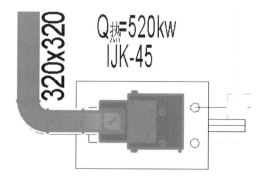

图 13-65　完成风管与设备的连接

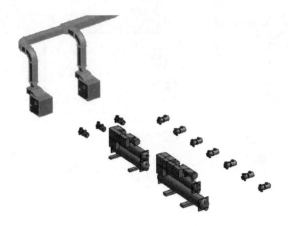

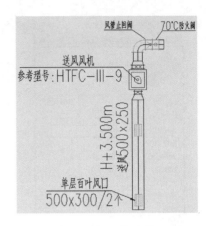

图 13-66　空调设备放置完成图 　　　　图 13-67　风管、风管附件及风机

13.3　空　调　水

空调冷凝水系统属于管道系统范畴,本节主要讲解冷凝水管道类型的新建以及冷凝水管道的创建。

1. 新建冷凝水管道类型

选择功能区"系统"—"管道"命令,在系统默认的"标准"管道类型的属性栏中,点击"编辑类型",在"类型属性"框里,复制新建"冷凝水管"类型。点击"布管系统配置",打开"布管系统配置"对话框,如图 13-68 所示。

图 13-68　冷凝水管类型的设置

对冷凝水管的材质、尺寸进行设置。由于冷凝水管是重力流排水,还需要设置管段坡度。

点击"布管系统配置"对话框中的"管段和尺寸"进入"机械设置"界面,如图 13-69 所示;点击"新建尺寸"对管径进行设置;点击"坡度"—"新建坡度",新建管段坡度 0.3000%,如图 13-70 所示;点击图标 ,进入"新建管段"对话框,分别对"材质""规格/类型"等进行设置,如图 13-71 所示;点击"确定",回到"布管系统配置"对话框,将"构件"—"管段"设置成"钢,镀锌"材质,点击"确定"即可。

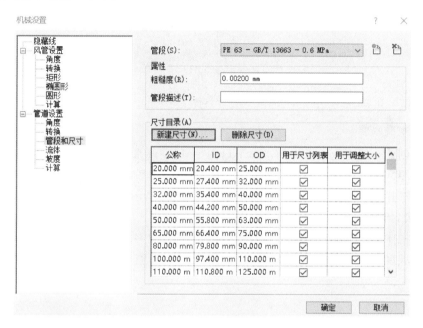

图 13-69 "机械设置"对话框

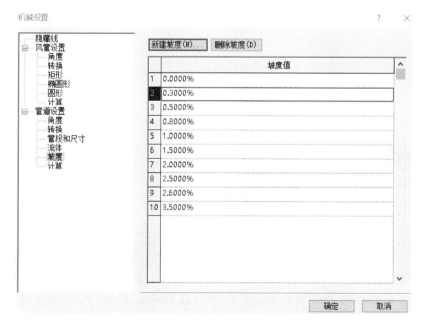

图 13-70 新建管段坡度

图 13-71　新建管段材质

2. 创建冷凝水管

此处以创建一层冷凝水管为例,将 CAD 图"一层空调水管平面图"链接进来作为绘制冷凝水管的参照。进入"一层"卫浴平面视图,选择功能区"系统"—"管道",到"修改|放置 管道"选项卡,选择"向上坡度"—"0.3000％",如图 13-72 所示。冷凝水管需要从水流的反方向绘制,即从立管处绘制到机组处。

在属性栏中选择"冷凝水管"类型,在选项栏设置管段参数,如图 13-73 所示。参照 CAD 底图绘制带坡度的冷凝水管道,绘制完成后,点击管道,可查看管段坡度与两端的高度,如图 13-74 所示。

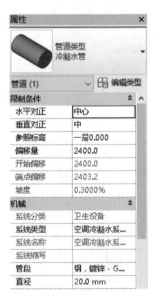

图 13-72　绘制冷凝水管　　　　　　　　　　图 13-73　冷凝水管设置

创建支管,选择功能区"系统"—"管道",激活"修改|放置 管道"—"继承高程"命令,向上坡度值设为 0.3000％,从干管绘至机组旁,然后选中机组,转到"修改|机械设备"—"连接到",选取冷凝水支管,即连接完成,如图 13-75 所示。

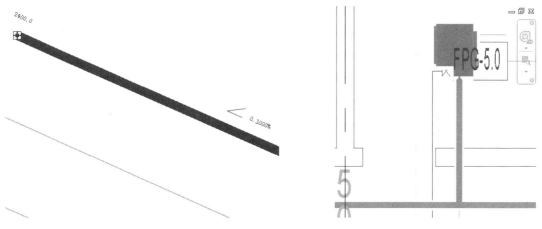

图 13-74　冷凝水管的检查 图 13-75　冷凝水管设置、检查

横干管与支管创建完毕后，开始创建冷凝水管立管。选择横干管的最下游端口，点击鼠标右键，在菜单中选择"绘制管道"，以此端口为立管起点，修改偏移量，确定为立管的终点，点击"应用"按钮，即生成立管，见图 13-76。

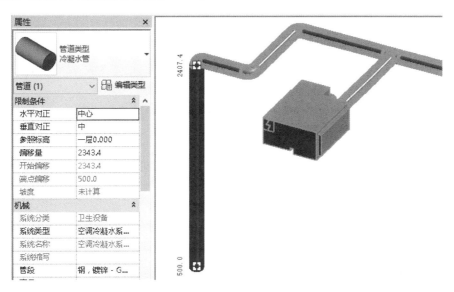

图 13-76　生成的冷凝水立管

按照上述方法创建冷凝水管模型，如图 13-77 所示。同时，也可以在剖面或立面视图中创建立管。

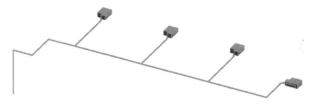

图 13-77　完成的冷凝水管

【教学实践 13-6】

请绘制图 13-78 中冷凝水管。

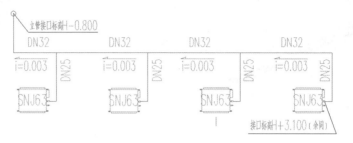

图 13-78　冷凝水管

3. 添加保温层

为减少散热或防御外界寒冷,有时管道外面需要包裹保温层。本案例的冷凝水管保温层是 30 mm 厚度的泡沫橡塑。下面主要讲解如何添加保温层。

选择需要添加保温层的管道,点击功能区"添加隔热层"命令,弹出"添加管道隔热层"对话框,设置隔热层材质与厚度,如图 13-79 所示。

图 13-79　设置隔热层

没有需要的材质,则设置所需材质,点击"编辑类型"按钮,进入"类型属性"对话框,复制新建"泡沫"类型,点击材质右侧的框,在弹出的"材质浏览器"中选择"聚异氰酸酯",如图 13-80 所示。添加隔热层前后对比图如图 13-81 所示。

图 13-80　设置隔热层材质

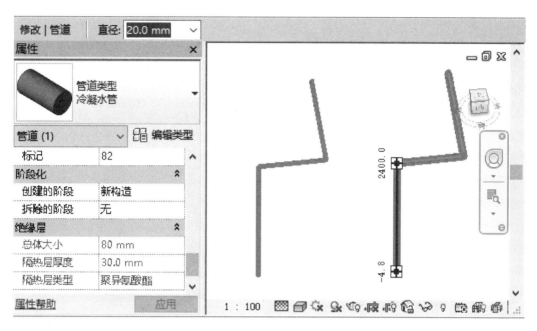

图 13-81　添加隔热层前后对比图

13.4　统计明细表

当暖通建模完成后,可使用明细表功能统计设备、管道的型号、数量。此处主要讲解各系统风管的统计。

选择功能区"视图"—"明细表"下拉栏中的"明细表/数量"选项,在弹出的"新建明细表"对话框中,选择类别"风管",名称为"风管明细表",见图 13-82。点击"确定",进入"明细表属性"框,对"字段""排序/成组""格式"等进行设置,如图 13-83～图 13-85 所示。

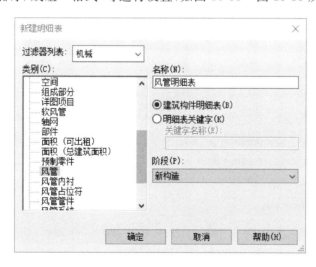

图 13-82　新建风管明细表

图 13-83　风管明细表"字段"设置

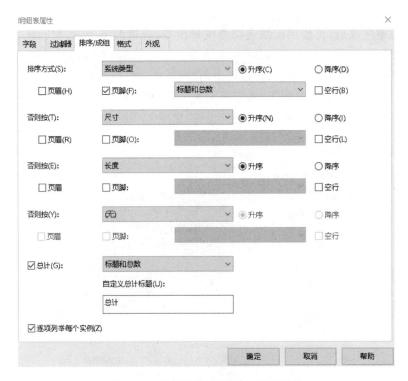

图 13-84　风管明细表"排序/成组"设置

图 13-85　风管明细表"格式"设置

　　设置完成后，生成"风管明细表"，如图 13-86 所示。明细表导出为 Excel 表格的方法，在此不再赘述。

属性		
明细表		

明细表: 风管明细表　编辑类型

标识数据	
视图样板	<无>
视图名称	风管明细表
相关性	不相关

阶段化	
阶段过滤器	全部显示
相位	新构造

其他	
字段	编辑…
过滤器	编辑…
排序/成组	编辑…
格式	编辑…
外观	编辑…

<风管明细表>		
A	**B**	**C**
系统类型	尺寸	长度
排烟	1000x300	3023
排烟	1000x300	13400
排烟	1200x400	3855
排烟	1200x400	3855
排烟	1500x400	5819
排烟		29952
排风	400x400	2802
排风	400x400	8364
排风	400x400	10004
排风	400x400	10497
排风	400x400	14329
排风		45997
新风	630x500	1700
新风	800x400	2540
新风	800x400	6183
新风	800x400	11837
新风		22259
送风	250x200	3114
送风	250x200	3209
送风	250x200	3225
送风	250x200	3399
送风	400x320	8803
送风	500x400	670
送风	500x400	1314
送风		23734
总计		121943

图 13-86　风管明细表

第14章 电气模型

14.1 绘制电缆桥架

1.新建电气项目文件

启动 Revit 软件,选择"Electrical-DefaultCHSCHS.rte"项目样板新建项目,如图 14-1 所示,进入项目绘图界面。

在新建项目的项目浏览器中可以看到,项目视图默认按"电气"的规程"照明"和"电力"排布,如图 14-2 所示。

将 Revit 的建筑结构模型链接到项目中,进入立面视图设置标高,以及创建平面视图,如图 14-3 所示。

图 14-1 新建项目

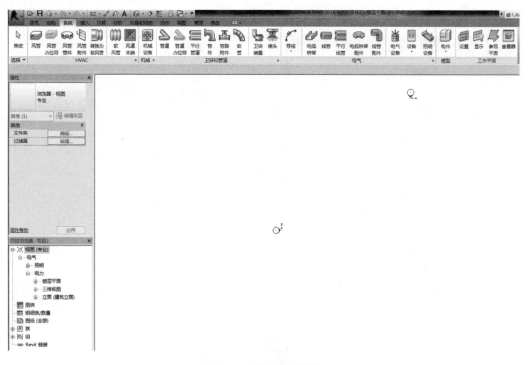

图 14-2 新建项目视图

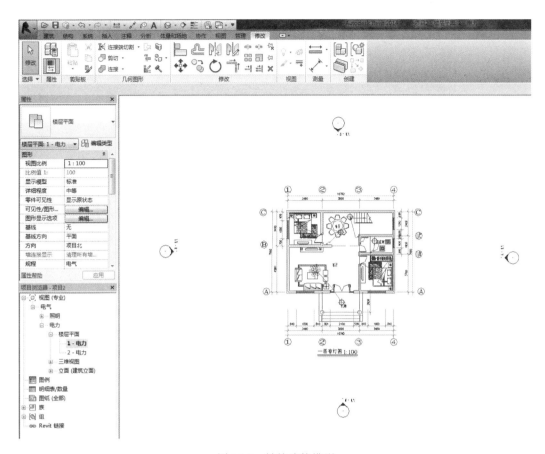

图 14-3　链接建筑模型

2.新建桥架类型

在 Revit 中,电气专业与其他机电专业不同,没有系统类型的设置,需要通过设置桥架的类型名称来区别各功能的桥架。

【注意】新建桥架的时候,注意选择类型要对应。

新建桥架类型,可以选择功能区"系统"—"电缆桥架"命令,在属性栏类型下拉栏中选择一个已有的类型,复制成为新的桥架类型。

以弱电桥架为例,选择"槽式电缆桥架"类型,点击其属性栏的"编辑类型",打开其"类型属性"对话框,如图 14-4 所示。

在"类型属性"对话框中,点击"复制"按钮,并将新类型重命名为"槽式电缆桥架-弱电",如图 14-5 所示。

要将新建的弱电桥架的管件也设为"弱电",则要在"项目浏览器"的"族"目录中,找到"电缆桥架配件",将其中有关于槽式电缆桥架的配件都由"标准"复制一个"弱电",如图 14-6所示。

设置完成后,再返回到"槽式电缆桥架-弱电"的"类型属性"对话框中(图 14-7),"管件"一栏的配件下拉框中都会出现"消防"选项,依次选中替换原来的"标准"。

图 14-4 "类型属性"对话框

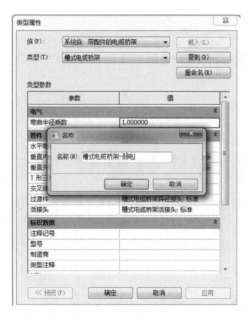

图 14-5 新建桥架类型

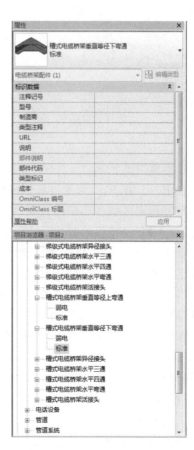

图 14-6 新建族类型

这样,弱电桥架新建完成。用同样的方法,再新建项目需要的动力桥架和消防桥架。动力桥架使用"梯级式电缆桥架",设置如图 14-8 所示。

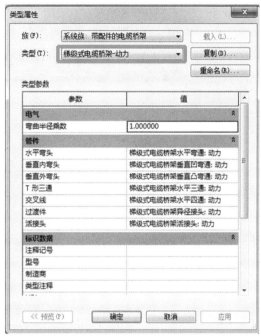

图 14-7 弱电桥架的类型属性　　　　　图 14-8 动力桥架的类型属性

3. 过滤器设置

为电气专业的各管线设置过滤器,可通过颜色区分各类型的管线。在视图"可见性/图形替换"的"过滤器"标签栏,打开"过滤器"设置框,如图 14-9 所示,设置过滤器"电缆桥架-弱电"。注意此处的"过滤条件"要设为"类型名称"。

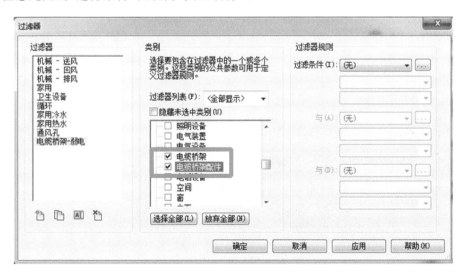

图 14-9 "过滤器"对话框

在"过滤器"标签栏,添加过滤器"电缆桥架-弱电",并设置该过滤器的视图颜色,如图 14-10 所示。

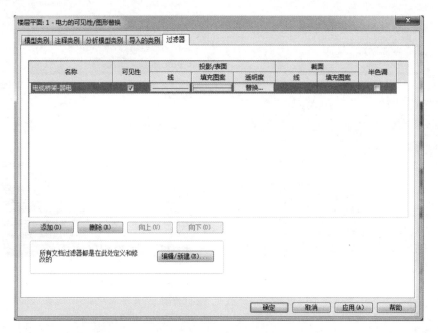

图 14-10　添加过滤器"电缆桥架-弱电"并设置颜色

用同样的方式设置其他类型桥架的过滤器,完成后如图 14-11 所示。

图 14-11　添加其他类型桥梁的过滤器并设置颜色

如果要在其他视图中应用过滤器,可参考"视图样板"选项中的功能,将过滤器传递到其他视图。

4.创建桥架

创建桥架前,链接 CAD 图,将其作为参照图。下面以绘制别墅一层电路桥架为例进行说明。

绘制这里的弱电桥架,桥架尺寸可按弱电平面图中的"200×100"确定,如图 14-12 所示,标高偏移量可从管综图的整合剖面中得到,标高为 4000。

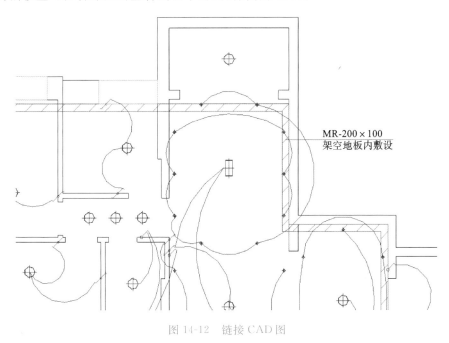

图 14-12　链接 CAD 图

进入图纸的"2-电力"(4 m)平面视图,选择功能区"系统"—"电缆桥架"命令,选择"槽式电缆桥架-弱电"类型,设置属性框和选项框,如图 14-13 所示。

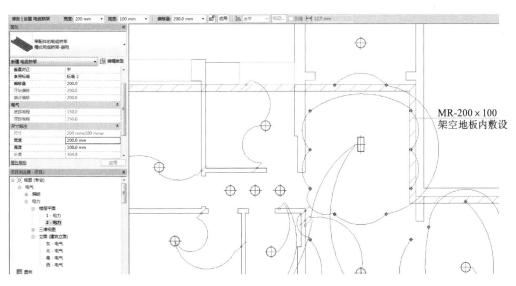

图 14-13　设置桥架属性

在绘图区，根据链接的 CAD 底图点击绘制桥架，由于"垂直对正"设置为"中"，此处的标高偏移量相对于桥架中心而设置。

依次用以上方法绘制其余桥架，弱电桥架设置如图 14-14 所示。

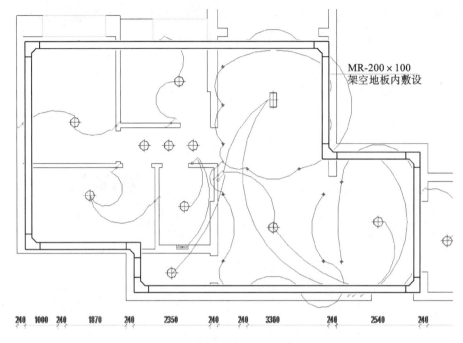

图 14-14 弱电桥架设置

【注意】每次桥架绘制都会采用上次绘制时属性栏和选项栏的设置值，所以每次绘制前要检查并修改相应的参数值，再进行建模。绘制完成的桥架三维效果如图 14-15 所示。

要添加电缆桥架标记，可以选择功能区"注释"—"按类别标记"命令，将选项栏里的"引线"项取消勾选，在绘图区点击需要标记的桥架，如图 14-16 所示。

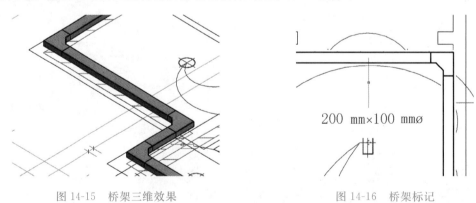

图 14-15 桥架三维效果　　　　　　　　图 14-16 桥架标记

目前视图中添加的桥架标记为默认样式，要修改标记，则可选中标记，选择功能区"编辑族"命令，在族编辑界面，点击其属性栏的标签编辑按钮，设置标签参数，如图 14-17 所示。

之后将其载入项目，修改后桥架标记如图 14-18 所示。

桥架完成效果如图 14-19 所示。

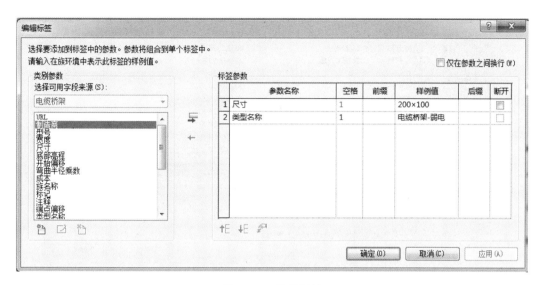

图 14-17　编辑标签

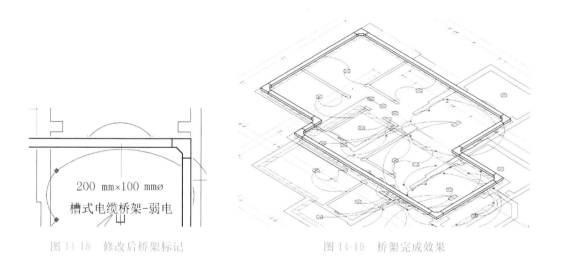

图 14-18　修改后桥架标记

图 14-19　桥架完成效果

14.2　放置电气设备

在 Revit 中，配电箱、配电柜、弱电综合箱、综合布线配线架等电气设备都属于可载入族，可用专门的"电气设备"命令放置。若默认的项目样板中没有需要的电气设备族，可以从外部族库中载入，或利用族样板新建族构件。

电气设备操作项目中需要的电气设备族可以从 Revit 自带的族库中找到，选择功能区"插入"—"载入族"命令，在软件族库目录"机电"—"供配电"—"箱柜"中找到，如图 14-20 所示。

点击"打开"，弹出"指定类型"对话框，如图 14-21 所示，可将选择的类型载入项目文件。

图 14-20　载入族选项

图 14-21　载入指定类型

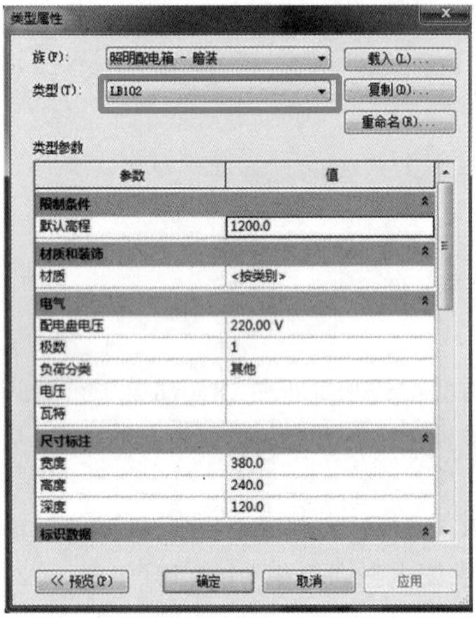

图 14-22　类型属性

下面以放置一个"照明配电箱"为例。选择功能区"系统"—"电气设备"命令,在属性栏类型下拉栏内找到对应的族,即"应急照明箱-标准"和"照明配电箱-暗装",确认族类型属性中的参数设置是否正确,如配电箱厚度超过了墙体厚度,可将其"深度"参数调整到适合数值,如图 14-22 所示。

【注意】配电箱厚度的尺寸大小应与墙体厚度的尺寸大小相匹配。

配电箱的放置高度要到立面和剖面中确定,可以在平面中放置好后,再用功能区"视图"—"剖面"命令平行于墙面创建一个剖面。

转到剖面视图,如图 14-23 所示,确认配电箱放置在距离标高 2 为 1.8 m 的位置。

放置好后,可在其属性栏中将各自的名称输入"配电盘名称"中,如图 14-24 所示。

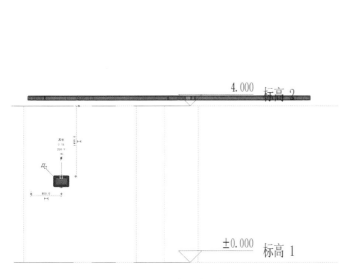

图 14-23　剖面视图

图 14-24　属性栏

14.3　放置灯具与开关

在绘制好的线路上放置灯具,灯具有吸顶灯和单、双管荧光灯。在绘制好的线路上放置灯具开关。Revit 软件提供了专门的"照明设备"和"设备"命令用于放置灯具和开关。灯具和开关都是可载入族,若默认的项目样板中没有需要的灯具和开关族,可以从外部族库中载入,或利用族样板新建族构件。

下面以放置到一层的单管荧光灯为例,由于该灯具位于楼层顶部,所以可以在天花板平面图上放置,将 CAD"一层照明平面.dwg"文件链接进来作为参照。灯具的具体型号可参考电气设计说明中的设备表。

选择功能区"插入"—"载入族"命令,在族库目录"机电"—"照明"—"室内灯"—"导轨和支架式灯具"下找到如图 14-25 所示的族,载入项目中。

进入照明的一层天花板视图,选择功能区"系统"—"照明设备"命令,在属性栏类型下拉栏中选择刚载入的灯具族,在其"类型属性"栏中,复制新建一个项目中需要的类型,如图 14-26 所示。

在新建类型的"类型属性"框中,将"视在负荷"修改为"35.00 VA",如图 14-27 所示。

在绘图区点击放置灯具,放置时注意将功能区"修改"选项卡里的放置命令设置为"放置在面上",如图 14-28 所示。

放置开关选择功能区"系统"—"设备"—"照明"命令,在属性栏下拉栏中选择案例需要的类型,如图 14-29 所示。

【注意】在灯具类型选项中要按照设计的灯具选择相应类型。

放置时,选择功能区"修改"选择卡里的"放置在垂直面上"。在属性栏设置照明开关放置高度,点击附着的墙体,放置完成,如图 14-30 所示。

图 14-25　载入族选项

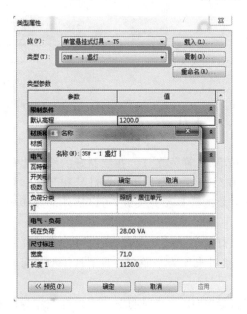

图 14-26　新建类型

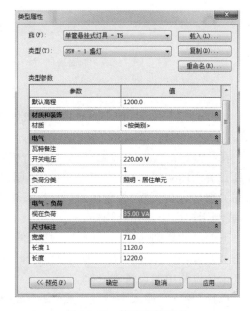

图 14-27　修改类型属性

图 14-28　"放置在面上"选项

图 14-29　选择灯具类型

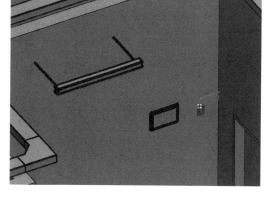

图 14-30　放置灯具

在 Revit 中可以用"导线"命令将灯具、开关连接起来形成照明系统。由于导线仅仅在平面视图显示，在三维视图中不显示，在此不予详述。

14.4　统计明细表

当有了电气模型后，可使用明细表功能统计管线或设备的数量，下面以统计电缆桥架为例。

选择功能区"视图"—"明细表"下拉框中的"照明/数量"，在弹出的"新建明细表"对话框中，在"类别"列表中选择"电缆桥架"，名称为"电缆桥架明细表"，如图 14-31 所示。

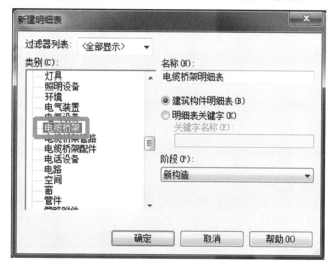

图 14-31　新建明细表

在"明细表属性"对话框中,从"可用的字段"列表中选择"合计""尺寸""类型""长度",添加到"明细表字段"列表中,通过"上移""下移"按钮调整各字段顺序,如图 14-32 所示。

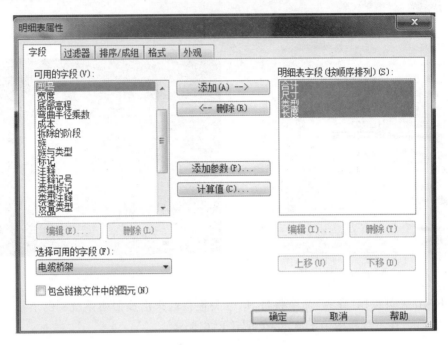

图 14-32　明细表属性

在"排序/成组"标签栏,设置排序方式,如图 14-33 所示,使明细表分别按照"类型""尺寸"依次排列,并勾选"总计",选择"标题、合计和总数",取消勾选"逐项列举每个实例"。

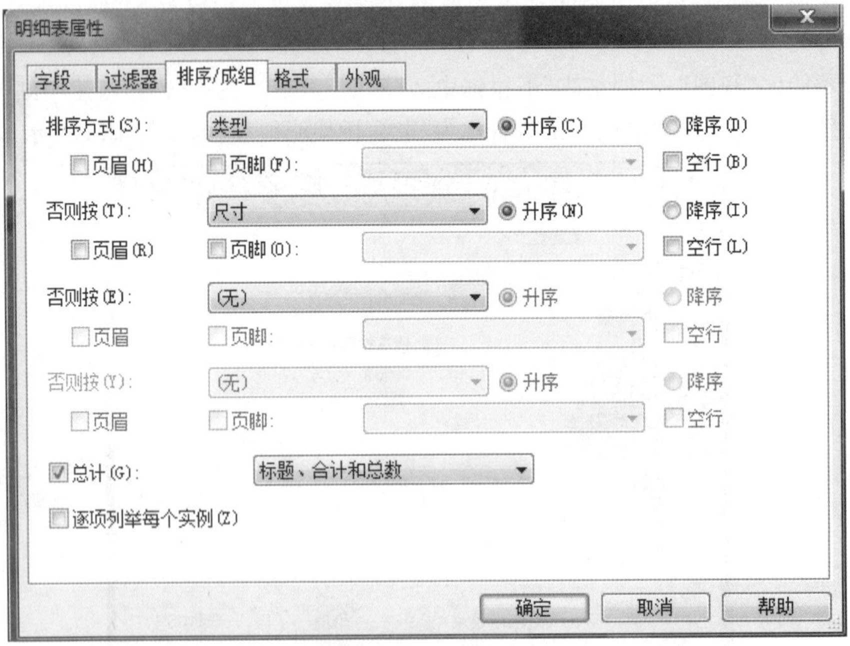

图 14-33　调整字段顺序

在"格式"标签栏,将"长度"和"合计"字段里的"计算总数"勾选上。

设置完成后,生成"电缆桥架明细表"。

在"电气设置"对话框的"电缆桥架设置"选择中,将"电缆桥架尺寸后缀"汇总的"ϕ"去掉即可。

【教学实践 14-1】

根据图 14-34,创建电缆桥架。

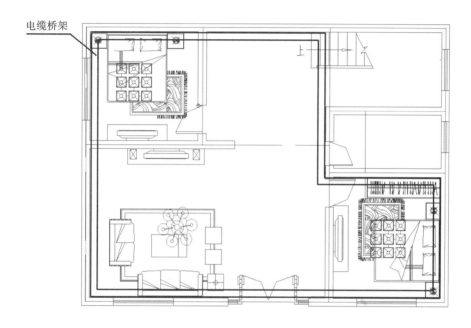

图 14-34 电缆桥架

第 15 章　装配式建筑

15.1　概　　述

1. 装配式建筑的发展现状

装配式建筑指的是由一些预制构件在施工现场拼装而成的建筑。近年来,装配式建筑受到社会各界的高度关注,用发展装配式建筑来推动新型建筑工业化逐渐成为共识。

20 世纪 70 年代,美国开始流行装配式住宅。1976 年,美国国会通过了国家工业化住宅建造及安全法案,并于同年出台了一系列严格的行业规范标准,此标准沿用至今。除注重质量外,现在的装配式住宅更加倾向于美观、舒适性及个性化。

据美国工业化住宅协会统计,2001 年,美国的装配式住宅已经占美国住宅总量的 7%。在美国的大多数城市中,住宅的结构类型普遍以混凝土装配式和钢结构装配式为主,而在小城镇则多以轻钢结构、木结构住宅体系为主。

英国政府积极引导装配式建筑发展。明确提出英国建筑生产领域需要通过新产品开发、集约化组织、工业化生产以实现"成本降低 10%,时间缩短 10%,缺陷率降低 20%,事故发生率降低 20%,劳动生产率提高 10%,最终实现产值利润率提高 10%"的具体目标。同时,政府出台一系列鼓励政策和措施,大力推行绿色节能建筑,以对建筑品质、性能的严格要求促进行业向新型建造模式转变。

英国装配式建筑的发展需要政府主管部门与行业协会等紧密合作,完善技术体系和标准体系,促进装配式建筑项目实践。可根据装配式建筑行业的专业技能要求,建立专业水平和技能的认定体系,推进全产业链人才队伍的形成。除了关注开发、设计、生产与施工,还应注重扶持材料供应和物流等全产业链的发展。

德国的装配式住宅主要采取叠合板、混凝土、剪力墙结构体系,采用构件装配式与混凝土结构,耐久性较好。德国是世界上建筑能耗降低幅度最快的国家,近年来更提出了发展零能耗的被动式建筑。从大幅度的节能到被动式建筑,德国都选取了装配式住宅,使装配式住宅与节能标准之间充分融合。

日本于 1968 年就提出了装配式住宅的概念。1990 年推出采用部件化、工业化生产方式,提高生产效率,住宅内部结构可变,适应居民不同需求的中高层住宅生产体系。在推进规模化和产业化结构调整进程中,住宅产业经历了从标准化、多样化、工业化到集约化、信息化的不断演变和完善过程。

日本颁布住宅建设五年计划,每一个五年计划都有明确的促进住宅产业发展和提高性能品质方面的政策和措施。政府强有力的干预和支持对住宅产业的发展起到了重要作用:通过立法来确保预制混凝土结构的质量;坚持技术创新,制定了一系列住宅建设工业化的方针、政策,建立统一的模数标准,解决了标准化、大批量生产和住宅多样化之间的矛盾。

加拿大装配式建筑的发展与美国相似,从 20 世纪 20 年代开始探索预制混凝土的开发和应用,到 20 世纪 70 年代普遍应用装配式技术。目前装配式建筑在居住建筑,学校、医院、办公等公共建筑,停车库、单层工业厂房等建筑中得到广泛的应用。在工程实践中,大量应用大型预应力预制混凝土构建技术,使装配式建筑更充分地发挥其优越性。

新加坡是世界上公认的住宅问题解决得较好的国家,其住宅多采用建筑工业化技术建造,其中,住宅政策及装配式住宅发展理念促使其工业化建造方式得到广泛推广。在新加坡,15～30 层的单元化的装配式住宅占全国总住宅数量的 80% 以上。

从市场占有率来说,我国装配式建筑市场尚处于初级阶段,前期投入较大,生产规模很小,且短期之内还无法和传统现浇结构市场竞争。但随着国家和行业陆续出台相关方针政策,面对全国各地向建筑产业现代化发展转型升级的迫切需求,我国 20 多个省市陆续出台扶持建筑产业的政策,推进产业化基地和试点示范工程建设。随着技术的提高,管理水平的进步,装配式建筑将有广阔的市场空间。

2.装配式建筑的优势

装配式构件可以通过工厂标准化制造而成,建造速度快,也大大减少了气候条件的影响,还可以节约现场制作的劳动力,并在一定程度上提高产品的质量。

装配式构件这种工业化、标准化的生产方式不仅大大降低了成本,还提高了建筑的质量,更便于质量控制。将工厂标准化生产出来的这些预制构件运到施工现场后,对其进行组装,大大减少了模板的使用量,降低了模板工程费和人工费,加快了施工的速度,有利于工程的进度控制。

装配式建筑是把整栋建筑分解成构件,通过构件的标准化生产,提高构件的生产效率,同时配合工厂的数字化管理,此种建造模式的性价比远超传统建筑模式。

传统建筑模式是先完成建筑工程的施工,再完成装饰装修工程,从施工方式上来看,属于依次施工,工期较长;而装配式建筑的建筑模式,可以实现装饰装修工程与建筑工程的主体工程同时进行,属于流水施工,工期较短,降低了工程造价。

装配式建筑在建筑材料选择方面更加灵活,比如可以选用轻钢材料,此种材料更加节能且环保,所以装配式建筑与传统建筑模式相比更符合绿色建筑的建筑理念。

3.装配式建筑的有关问题

(1)装配式建筑的安全性。

装配式建筑体现了建筑产业化中的装配化施工环节,将工厂生产的预制部配件在工地现场装配,整个流程都是在标准化设计、工厂化生产、装配化施工、一体化装修、信息化管理和智能化应用中完成的(图 15-1～图 15-4)。装配式建筑具有能耗低、污染低、生产效率高、质量稳定、事故隐患低、作业条件好等优势。

(2)装配式建筑经过的测试或试验。

装配式建筑在设计过程中,经过动态水密等试验,经过多样化、全方位的实体试验,证明房屋的质量与安全是可靠的,技术也是成熟可靠的。装配式建筑的大多数部品部件都是在工厂标准化生产的,工厂标准化生产对装配式部件品质的把控能力远远高于传统现浇的现场作业。

图 15-1　钢＋PC 挂板组合

图 15-2　预制剪力墙＋灌浆套筒组合

图 15-3　预制框架＋灌浆套筒组合

图 15-4　PC 外墙挂板＋标准定型化组合

（3）装配式建筑的抗震能力。

我国的装配式建筑结构的抗震性能与现浇结构的抗震性能基本相同。其抗震的关键技术之一为装配式节点的连接技术：套筒一端钢筋被预制在构件内，另一端的钢筋通过高强的灌浆料灌浆在施工现场进行连接。此种钢筋套筒连接技术，通过套筒应力-应变曲线、循环张拉疲劳等试验，在日本和美国得到了广泛应用，其结论为此技术可以在高层建筑中使用。另外，还可以通过引入隔震措施来加强抗震性能。

随着环境污染问题日益严重，生态文明建设要求建筑行业必须走节约资源能源、减少环境污染的工业化道路，而采用装配式建筑是实现生态文明建设的主要手段之一。目前，装配式建筑的材料改进，技术进步，已克服抗震、渗漏、开裂等技术问题；装配式方式和传统现浇方式建造成本的差异逐步缩小。同时通过标准化设计、工厂化生产、装配化施工、一体化装修，有效提高工程质量和安全、提高效率、缩短工期，降低资源能源消耗，减少建筑垃圾和扬尘噪声污染。

15.2　装配式混凝土结构

1. 装配式混凝土结构的概念

装配式混凝土结构是由预制混凝土构件通过可靠的连接方式装配而成的，包括装配整体式混凝土结构、全装配混凝土结构等。预制混凝土构件通过可靠的连接方式进行连接后，与现场的后浇混凝土、水泥基灌浆料等形成整体装配式混凝土结构，简称装配整体式结构。

装配式混凝土结构不仅适用于住宅建筑,还适用于公共建筑。

2. 装配式混凝土结构的类型

装配式混凝土结构常见的类型有以下三种:装配式混凝土框架结构、装配式混凝土剪力墙结构、装配式混凝土框架-现浇剪力墙(核心筒)结构。装配式混凝土框架结构是部分或全部由框架梁、框架柱、预制构件组成的装配式结构,如图 15-5 所示。装配式混凝土剪力墙结构是部分或全部剪力墙采用预制墙板构件的装配式结构,如图 15-6 所示。装配式混凝土框架-现浇剪力墙(核心筒)结构(图 15-7)是由现浇剪力墙(核心筒)和装配整体式框架结构两部分组成的。一般情况下,此种结构的框架部分采用与预制装配整体式框架结构相同或相近的预制装配技术,这就使预制装配式框架技术能应用于高层和超高层建筑。由于对这种结构形式的整体受力情况的研究不够理想,装配式混凝土框架-现浇剪力墙(核心筒)结构中的剪力墙目前只能采用现浇的形式。

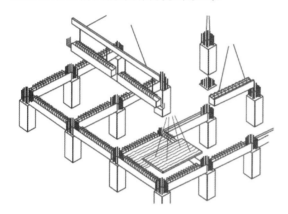

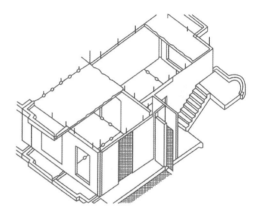

图 15-5　装配式混凝土框架结构　　　　　图 15-6　装配式混凝土剪力墙结构

PCF叠合板式剪刀墙结构体系　　　　　双层叠合板式剪刀墙结构体系

NPC剪刀墙结构体系

图 15-7　装配式混凝土框架-现浇剪力墙(核心筒)结构

3.装配式混凝土结构的适用范围

装配式混凝土结构的适用范围如表 15-1 所示。

表 15-1 装配式混凝土结构的适用范围　　　　　　　　　　　　　　单位:m

结构类型	非抗震设计	抗震设防烈度			
		6 度	7 度	8 度(0.2g)	8 度(0.3g)
装配整体式框架结构	70	60	50	40	30
装配整体式 框架-现浇剪力墙结构	150	130	120	100	80
装配整体式剪力墙结构	140(130)	130(120)	110(100)	90(80)	70(60)
装配整体式 部分框支剪力墙结构	120(110)	110(100)	90(80)	70(60)	40(30)

注:房屋高度是指从室外地坪到主要屋面的高度,不包括局部突出屋顶的部分。当预制剪力墙构件底部承担的总剪力大于该层总剪力的 80%时,建筑最大适用高度应取括号内的数值。

其他结构形式的适用范围如表 15-2 所示。

表 15-2 其他结构形式的适用范围　　　　　　　　　　　　　　单位:m

结构类型		抗震设防烈度				
		6 度	7 度	8 度(0.2g)	8 度(0.3g)	9 度
钢筋混凝土框架结构		60	50	40	35	9
钢筋混凝土框架-剪力墙结构		130	120	100	80	50
钢筋混凝土剪力墙结构		140	120	100	80	60
钢筋混凝土 部分框支-剪力墙结构		120	100	80	50	不应采用
钢框架结构		110	90	90	70	50
钢框架-中心支撑		220	200	180	150	120
钢框架-偏心支撑(延性墙板)		240	220	200	180	160
混合 结构	钢框架-钢筋混凝土 核心筒	200	160	120	100	70
	型钢(钢管)混凝土框架- 钢筋混凝土核心筒	220	190	150	130	70

　　装配整体式框架结构与现浇混凝土框架结构的适用高度基本相同,装配整体式框架-现浇剪力墙结构(剪力墙现浇、框架部分预制装配)与传统的现浇混凝土框架结构基本相同。但是,在同等抗震烈度下,装配整体式剪力墙结构与现浇剪力墙结构的建筑最大适用高度相差约 10 m,当预制剪力墙构件底部承担总剪力值大于该层总剪力 80% 时,装配整体式剪力墙结构与现浇剪力墙结构的建筑最大适用高度相差约 20 m。

第 16 章　装配式建筑中的 BIM 技术应用

16.1　概　　述

1. BIM 技术对装配式建筑设计的必要性

建筑是人们进行生产和生活的场所。建筑设计师一般会综合考虑自然条件、人文条件、技术以及资金等方面的影响,将建筑的室内外进行空间组合,将环境与建筑造型以及建筑的各个细部进行协调,对建筑结构与设备等进行布置。装配式建筑的建造过程跟传统的建筑建造过程有较大区别。因此,装配式建筑设计也面临着巨大的挑战。

装配式建筑设计需要各个专业相互配合,还需要设计、生产和拼装部门达到高度的信息集成和信息共享,必须使主体结构、各个预制构件、设备的管线、细部构造、装修和施工组织保持一体化的协作。

装配式建筑构件一般在工厂进行批量生产,其对设计图纸的精确度和准确度要求更高。例如,提高预留节点的接缝位置和尺寸的精度等。

装配式建筑构件的设计需要满足规定的标准模数要求,使建筑部件具备通用性和互换性。将建筑部件模数化和通用化后,我们就可以批量化生产这些部件,进而降低建筑成本。

传统的建筑设计方式无法从根本上满足预制装配式建筑标准化设计、工厂批量化生产、现场装配化施工、一体化装修等要求,而 BIM 技术通过三维模型、碰撞检查能实现各设计专业的信息集成以及设计过程、生产过程、施工过程的信息集成,更好地服务于预制装配式建筑的设计、施工、管理,推进建筑的工业化发展。

预制装配式建筑主要有砌块建筑、大板建筑、模块建筑、框架轻板建筑及其升板建筑等。无论是哪种类型的装配式建筑,怎样使设计合理,并使预制构件合理应用,是发挥预制装配式建筑优势的关键问题。解决此类问题则依赖于模数化设计和标准化设计。

（1）模数化设计。

建筑模数是建筑设计中选定的标准尺寸单位,是建筑物、建筑构配件、建筑制品以及建筑设备尺寸间相互协调的基础,包括基本模数和导出模数。

①基本模数。

建筑模数选定的基本尺寸单位,符号 M,1M＝100 mm。基本模数主要用于门窗洞口、构配件断面尺寸及建筑物层高。

②导出模数。

扩大模数:基本模数的整数倍。扩大模数主要用于建筑物的开间、进深、柱距、跨度、总高度、层高、构配件断面尺寸和门窗洞口尺寸。

a. 水平扩大模数:3M、6M、12M、15M、30M、60M。

b. 竖向扩大模数:3M、6M。

具体来说,建筑模数需要通过以下几个载体体现其特性。

①模数网格。

模数网格是将模数作为格距的一种坐标网络系统。在建筑设计中,应用模数网格一方面是将建筑的各个构件以及构件的相互组合关系放置在一个两维或三维空间坐标系统中,将建筑的各个构件定位到坐标体系,我们将网格格距称为"模数",而建筑各个构件的尺寸是网格格距的整数倍。采用模数化的网络系统对建筑进行控制,使建筑的整体与局部、建筑的内部和外部都严格遵循了统一的原则和秩序,从而体现出建筑的有序性。

②跨度、柱距、开间、进深。

建筑中的柱子一般布置为网状。柱子间的纵向距离称为跨度;柱子间的横向距离称为柱距。跨度和柱距都要遵循一定的模数。开间是房间内两面墙的定位轴线间的实际距离;进深是指一栋建筑中前面墙壁与后面墙壁之间的距离。开间和进深的尺度也需要遵循模数。

(2)标准化设计。

标准化设计是预制装配式建筑的核心,也是建筑工业化的重要研究课题。标准化设计能够很好地控制建筑的建设过程,包括对预制构配件的生产、运输、安装等的控制。同时,标准化设计还能降低建设成本,提高建造速度。

预制构件的标准化设计是通过控制构件的参数来批量生产外墙、预制楼板、预制梁柱、预制楼梯等构件的。

①外墙。

预制外墙可以很好地解决保温、隔热等问题。外墙标准化设计时需要特别注意以下几个问题:尽可能采用二维的外墙构件;建筑外圈构件的梁高要统一;外墙的形状和宽度尽量相近;窗户的大小要统一等。

②预制楼板。

制作预制楼板既可以提高施工水平又能节约施工材料。预制楼板的设计方法有以下几种:根据工厂需求选取适宜的预制楼板样式(比如将预制叠合楼板大规模应用于跨度相等的住宅);根据结构特点,将房间的开间和进深设置成统一的尺寸;集中布置有降板要求的功能区;楼板尽量选择方正形状的。

③预制梁柱。

梁、柱是结构的受力构件。在标准化设计时,在满足受力情况下,要尽可能采用统一规格的柱截面尺寸,在平面中布置结构柱网时也尽可能使柱网方正、均匀,当跨度相同或相近时,尽量统一梁截面,以减少次梁的数量。

④预制楼梯。

预制装配式钢筋混凝土楼梯有梁承式、墙承式、墙悬臂式几种类型,在设计预制楼梯时还需要综合考虑栏杆、栏板和扶手。同时要注意栏杆与梯段、扶手的连接。

预制构件的标准化设计应符合基本构件的建造需求。在此基础上,通过组合形成多样化的结构体系、维护体系和装饰装修体系。

2.标准化设计对装配式建筑结构设计的必要性

为满足提高建造效率、降低生产难度、降低生产成本、提高建筑物质量的要求,建筑工业化必须要遵循标准化的原则。标准化的产品具有系列化、通用化的特点。装配式建筑结构的标准化设计必然通过分解和集合技术，形成满足多样化要求的建筑产品。

尽管国内预制装配式建筑结构技术已越来越多，结构的体系也多种多样，但是其标准化设计的概念性并不强，导致建造的成本越来越高。装配式建筑结构设计的核心即标准化设计，并且标准化设计应贯穿整个建造过程，包括设计阶段、生产阶段、施工阶段和安装阶段，以便形成住宅建筑体系的标准化、住宅部品构件的标准化。

装配式建筑是由成百上千个部品组成的，这些部品在不同的地点、不同的时间以不同的形式按照相同标准的尺寸要求生产出来并运输到施工现场进行组装。这就要求这些部品具有良好的协调性，而这必须依靠模数协调来实现。模数协调是指建筑的尺寸采用模数数列，使尺寸设计和生产活动相协调，建筑生产的构配件、设备等不需要修改就可以完成现场组装。模数协调对装配式建筑结构设计有重要的作用：模数协调可以更方便地对建筑各个部位进行切割，实现部品最大可能的模数化；可以使构配件、设备的放线、安装规则化，使各构配件、设备等生产厂家彼此不受约束，实现效益的最大化；可以实现各构配件的互换性，使它们的互换与材料、生产方式、生产厂家等都无关，实现全寿命周期的改造；可以优化构配件的尺寸数量，使用少量的标准化构配件，建造不同类型的建筑，使建筑最大程度实现多样化。

16.2　装配式建筑结构设计阶段的 BIM 技术应用

1. 基于 BIM 技术的装配式建筑结构设计思想

现今的装配式建筑结构设计方法是参考现浇结构的设计，先对各种结构进行选型，并对结构的整体进行分析，然后再拆分设计的节点和构建，深化预制构件的设计后，再由工厂进行批量预制生产，然后送到施工现场进行拼装。这样的设计方法会使预制构件的种类繁多，特别不利于构件的工业化生产，并且还与装配式建筑的工业化理念相冲突。因此，我们必须转变这种传统的设计思路，关注预制构件的通用性，以便能用较少种类的构件设计满足更多样化需求的建筑产品。因此，应将标准通用的构件统一在一起，建立一个预制构件库。在进行装配式建筑结构设计时，从预制构件库里选择需要的预制构件，这样能减少构件设计，从而降低设计成本，降低建筑造价。预制构件库是预制构件生产单位和设计单位所共有的，设计时可以选择预制构件库中现有的类型，保证协调性。同时，预制构件生产单位可以预先生产通用性较强的预制构件，及时提供工程项目所需要的构件类型，这样也能加快施工速度，保证工程进度。对于预制构件库里缺少的类型，我们也可以慢慢完善，包括增加一些特殊的预制构件，以满足绝大多数项目对构件的需求。

2. 基于 BIM 技术的装配式建筑结构设计过程

传统装配式建筑结构设计的预制构件尺寸型号繁多，不利于进行标准化和工业化的设计，更不利于工业化和自动化的生产。因此，我们采用面向预制构件、基于 BIM 技术的装配式建筑结构设计方法，即从整体设计分析到预制构件拆分的设计理念。基于 BIM 技术的装配式建筑结构设计分为以下四个阶段。

（1）形成和完善预制构件库阶段。

装配式建筑结构设计会应用不同类型、不同尺寸的预制构件。因此，我们必须保证预制构件的整体质量满足项目要求。然而这样也增加了加工预制构件的难度。因此,要采取专业措施来进行保障。由于 BIM 技术具备可视化、容易拆分和识别的功能,我们不仅可以用 BIM 技术来完善预制构件库,而且还能够依据工程的具体形式,选用装配式建筑预制构件的具体性能。在设计预制构件时,注重采用性能强的构件,将建筑工程中所使用的各种构件进行适当的分类,统一收入预制构件库,完成对预制构件的管理,通过对预制构件库中的构件不断地进行归类及及时更新,最终形成一套完整的预制装配式建筑构件库,进而为后续的工程开展提供资料支持。

(2)BIM 模型构建阶段。

预制构件库创建完成后,可根据设计需求在预制构件库中查询并套用所需要的构件,建立装配式建筑结构的 BIM 模型。如果搜索不到所需要的装配式建筑构件,就需要重新定义并设计新的构件名称和属性,将新建的构件纳入预制构件库。

(3)BIM 模型分析与优化阶段。

经过设计的装配式建筑结构 BIM 模型需要经过进一步分析复核来保证结构的安全。如果分析复核不通过,则应从预制构件库中选择合适的构件替换不满足要求的构件,重新复核和分析,直到其满足要求为止。分析复核完 BIM 模型后,还要进一步碰撞检查,深化设计,将不满足要求的预制构件替换,重新进行碰撞检查,直到满足要求为止。确认没有问题后才能用优化后的 BIM 模型指导施工,并将优化的 BIM 模型作为最终的交付结果。这样在实际施工过程中返工的问题就会大大减少。

(4)BIM 模型建造应用阶段。

在建造过程中,可以用此 BIM 模型进行施工进度管理,并以此来规划预制构件的生产进度和运输进度。

16.3　装配式建筑施工阶段的 BIM 技术应用

1. 装配式建筑施工阶段的构件管理

在施工阶段需要重点解决的是装配式建筑构件的进场管理问题和其吊装问题。在实际施工过程中,我们经常会碰到施工场地的限制导致装配式建筑构件随意存放的问题。因此,我们在管理装配式建筑构件的过程中,尤其要重点考虑怎样合理利用施工场地空间,以便降低装配式建筑构件取件时出错的概率。为了有效预防这类问题,我们需要对现场的管理水平提出严格的要求,一般通过做台账的方式对施工现场的各种材料进行备案。文档管理涉及人工录用效率低、出错率高等问题,尤其是在装配式建筑构件大批量进场的时候,现场施工人员由于各种原因(例如现场的装配式建筑构件随意堆放)无法全面跟踪构件的信息,进一步影响整个施工流程。而 BIM 技术和信息标签技术能够追踪、监控装配式建筑构件的存放、吊装、拼装过程,并配合即时通信网络达到信息共享的目的,可有效实现对构件的跟踪和控制。BIM 技术和 RFID 技术具有信息准确丰富、传递速度快、效率高、不容易出错等优点。在构件进场检查时,甚至无须人工介入,通过设置固定的信息标签阅读器,就可以采集到满足条件的运输车辆速度的数据。

2.装配式建筑施工阶段的质量进度控制

在装配式建筑的施工阶段,通过 BIM 技术可以有效地收集装配式建筑施工过程中有关施工质量和施工进度的数据,并通过 P6、MS Project 等软件对数据进行分析和整理,通过对施工过程进行 4D 可视化模拟,将实际的施工进度和原计划施工进度的数据进行分析,得出进度偏差。通过进度调整系统,采取相应措施来调整实际进度,确保进度符合总工期的要求。

在施工现场,管理人员可以利用构件的标签信息,及时获取构件的存储和吊装等情况的相关信息,通过无线感应网络及时传递信息,使施工人员能第一时间获得进度信息,同时将此信息用 MS Project 软件的文件形式导入 Navisworks Manage 软件进行进度模拟,并与计划进度对比,从而掌握工程的实际进度情况。获取的质量信息可以与施工质量管理手册以及规范标准进行对比,进而全面控制施工质量。

16.4　装配式建筑运营维护阶段的 BIM 技术应用

在建筑全寿命周期中,运营维护阶段所占的时间最长,但是所能应用的数据与资源却很少。在传统的工作流程中,建筑设计、施工建造阶段的数据资料往往无法完整地保留到运营维护阶段。BIM 技术的出现让建筑的运营维护阶段有了新的技术支持,大大提高了管理效率。在运营维护阶段,应用 BIM 技术可以随时监测有关建筑的使用情况,实现建造施工与运营维护阶段的无缝对接,并提供运营维护阶段所需要的各种详细数据,具体包括如下。

1.日常维护建模

此功能的重点在于在工程项目整体空间内对设施设备日常运行数据的建立与维护。该功能贯穿建筑整个生命周期,从所有附属设施设备安置在此建筑空间内开始,在虚拟空间内设置与实体尽可能详尽和同步的运行数据。这些信息对建筑的运营维护过程尤其重要。参数化模型应包含建筑主体以及 MEP 元组件的相关信息。模型随着建筑实体空间的变化而变化,并不断更新和改进,以储存更多的信息。

2.维护业务流程模拟

建筑的结构构件与内部设施设备有固定的使用年限。另外,建筑空间结构也会随着使用需求的变化而改变,建筑局部的维护修理,以及修建、改建、增建等会不断发生。有些维修是即刻需要的,有些则根据运营规划和财务情况等制定短、中、长期的维护业务流程。以 BIM 模型配合日常运营维护模型数据,能制定出高质量、低成本的计划。

总的来说,现代建筑业发展以来的信息都存在于二维图纸、电子版文件和各种机电设备的操作手册上,面临图纸不完整和无关联等问题。在建筑的运营维护阶段,需要使用相关信息时,必须由专业人员寻找并理解,既耗时又容易出错。以 BIM 技术为基础结合其他先进技术,可以实现建筑运营维护管理与 BIM 图纸、BIM 模型一体化。

参 考 文 献

[1] 中华人民共和国住房和城乡建设部.2011—2015 年建筑业信息化发展纲要[J].建筑设计管理,2011,28(7):7-10.

[2] 王轶群.BIM 技术应用基础[M].北京:中国建筑工业出版社,2015.

[3] 中华人民共和国住房和城乡建设部.住房城乡建设部关于推进建筑业发展和改革的若干意见[J].建筑设计管理,2014(8):42-45.

[4] 中华人民共和国住房和城乡建设部.关于推进建筑信息模型应用的指导意见[J].中国勘察设计,2015(10):22-26.

[5] 顾泰昌.国内外装配式建筑发展现状[J].工程建设标准化,2014(8):48-51.

[6] 孟建民,龙玉峰.深圳市保障性住房模块化、工业化、BIM 技术应用与成本控制研究[M].北京:中国建筑工业出版社,2014.

[7] ENGLEKIRK R E. Development and Testing of a Ductile Connector for Assembling Precast Concrete Beams and Columns[J]. PCI Journal,1995,40(2):36-51.

[8] NASSER G D. Building Code Provisions for Precast/Precastressed Concrete:A Brief History[J]. PCI Journal,2003,48(6):116-124.

[9] WANG C L,LIU Y,ZHOU L. Experimental and numerical studies on hysteretic behavior of all-steel bamboo-shaped energy dissipaters[J]. Engineering Structures,2018(165):38-49.